大鸨
饲养管理指南

中国动物园协会 组编

慕德俊 刘畅 金丹 主编

中国农业出版社

北 京

图书在版编目（CIP）数据

大鸨饲养管理指南 / 中国动物园协会组编；慕德俊，刘畅，金丹主编． -- 北京：中国农业出版社，2025. 2.
ISBN 978-7-109-33084-9

Ⅰ. S864.5-62

中国国家版本馆 CIP 数据核字第 2025UK6996 号

大鸨饲养管理指南
DABAO SIYANG GUANLI ZHINAN

中国农业出版社出版

地址：北京市朝阳区麦子店街 18 号楼
邮编：100125
责任编辑：周锦玉
版式设计：杨 婧　责任校对：张雯婷
印刷：中农印务有限公司
版次：2025 年 2 月第 1 版
印次：2025 年 2 月北京第 1 次印刷
发行：新华书店北京发行所
开本：880mm×1230mm　1/32
印张：6　插页：4
字数：167 千字
定价：68.00 元

编写人员

主　编

慕德俊（长春市动植物公园）

刘　畅（长春市动植物公园）

金　丹（长春市动植物公园）

副主编

柏永明（长春市动植物公园）

梁洪国（长春市动植物公园）

王海军（吉林省野生动物救护中心）

王　凯（辽宁千山旅游集团有限公司）

参　编

王俊峰（长春市动植物公园）

邸海洋（长春市动植物公园）

鲁　岩（长春市动植物公园）

姚　静（长春市动植物公园）

吴秀菊（长春市动植物公园）

闫　琪（长春市动植物公园）

方大雨（长春市动植物公园）

陆俊光（长春市动植物公园）

刘魏光（长春市动植物公园）

杨　智（长春市动植物公园）

贾　赦（长春市动植物公园）

刘敬实（吉林省经济信息中心）

王珊珊（长春市动植物公园）

余　红（长春市动植物公园）

王俊飞（长春市动植物公园）

周瑞竹（长春市动植物公园）

沈笑羽（长春市动植物公园）

谷晓飞（长春市动植物公园）

郭　磊（吉林省林业和草原局）

张丽霞（太原动物园）

张　丽（太原动物园）

张沛沛（太原动物园）

李晓敏（哈尔滨北方森林动物园）

金云涛（白城市洮北区市容中心）

尚志峰（兰州野生动物园）

王志永（石家庄市动物园）

段　磊（石家庄市动物园）

李　君（天津市动物园）

张　生（天津市动物园）

辛向博（天津市动物园）

季　妍（保定市动物园）

于　淼（大连森林动物园）

专家顾问

田秀华（东北林业大学）

张成林（北京动物园）

卫泽珍（欧乐堡动物王国）

周景英（内蒙古图牧吉国家级自然保护区）

长春，是中国四大园林城市之一。长春市林业和园林局以全市林园事业为中心，以贯彻生态发展理念为己任，着力构建文明和谐的城市环境，积极推进濒危野生动物保护事业发展。长春市动植物公园既是市民游客喜爱的游憩休闲佳处，更是我市唯一集动植物观展、科普教育、易地保护、救护职能于一体的大型城市公园，科研职能定位清晰，持续开展濒危野生动物的保护研究。

大鸨作为草原环境的重要指示物种，曾广泛分布于欧洲、亚洲和非洲大陆，但由于人类活动的干扰，种群数量急剧下降。1992 年，长春市动植物公园开始救护和饲养、繁育大鸨，几十年如一日，坚持不懈，积累了大量珍贵的研究资料。2017 年大鸨被确定为中国动物园协会物种管理委员会一级管理物种。应物种管理委员会的要求，长春市动植物公园编写了《大鸨饲养管理指南》一书。本书蕴含了长春市动植物公园 30 多年来的科研成果和哈尔滨北方森林动物园、兰州野生动物园等从事大鸨保护单位的宝贵经验，是接近保护工作实际、多学科融合的综合性技术资料，内容涉及生物学、场馆设施、繁殖医疗、救护放归等多领域，能够呈现出圈养条件下野生动物保护工作的方方面面，可帮助动物园乃至保护机构快速了解大鸨并提升、优化工作效率。相信，本书将带给濒危物种保护更多的启发，为提高圈养技术提供参考，激发更多专家学者深入研究大鸨保护。

希望，长春市动植物公园以此书的出版为契机，继续对标国内外同行业先进发展理念，全面贯彻落实习近平生态文明思想，弘扬"百舸争流奋楫者先，千帆竞发勇进者胜"的实干劲头，同心勠力，赓续前行，争做林业和园林系统的"领头羊"、动物园行业的排头兵，为濒危野生动物保护发挥更加重要的作用。

长春市林业和园林局

2024 年 6 月

大鸨（*Otis tarda*）隶属鹤形目（Cruiformes）鸨科（Otidae），为我国一级重点保护动物，1997 年被列入《濒危野生动植物物种国际贸易公约》（CITES）附录Ⅱ，世界自然保护联盟（IUCN）将其列入濒危物种红色名录。大鸨是草原生态指示物种，又是草原濒危鸟类之一。因栖息地生境不断破碎化、斑块化，边缘效应已威胁到大鸨种群的存活，野外种群数量的不断减少使其不得不面临小种群的风险。

20 世纪 50 年代，我国有动物园尝试人工饲养繁育大鸨，几十年的时间里，由于经验不足、饲料配比不合理、饲养环境不适宜等原因，大鸨人工繁殖不成功，雏鸟成活率较低。

20 世纪 80 年代起，我先后在黑龙江、内蒙古、吉林等多个大鸨栖息地进行过野外调查研究，并在齐齐哈尔龙沙公园、哈尔滨动物园对大鸨的饲养、繁殖、人工孵化、人工育雏、解剖学、生理生化、卵壳超微结构、行为活动时间分配及疾病防治等方面进行研究。那时基层的科研工作环境非常艰苦，既缺乏设备也缺乏人员，我和一些伙伴们自己动手制作鸟类的孵化育雏设备，自己改造笼舍，做

1

了大量的基础性研究。1997 年我们实现了大鸨人工育幼成活率达到 90％以上。这一成果获得了国家林业局科技进步奖三等奖。

2001 年，我们在哈尔滨动物园取得了大鸨人工饲养条件下产卵、受精、人工孵化、人工育雏等方面的成功，雏鸟成活率达 90％，填补了国内空白，也标志着我国大鸨迁地保护工作进入新的发展阶段。

2001 年我主编出版了《中国大鸨》一书，为大鸨的进一步研究奠定了基础。2005 年长春市动植物园繁殖成活 3 只大鸨，标志着大鸨的繁育技术在国内动物园有了进一步发展。

自 2003 年我转入东北林业大学任职之后，在大鸨的人工繁育方面投入的精力有所减少，但仍然在大鸨的生境保护、种群遗传学分析等方面取得了一些成果。可以说，大鸨的保护研究一直贯穿我整个的科研生涯。

近年来，长春市动植物公园在大鸨的人工繁育方面取得了诸多成果，也形成了目前最大的大鸨圈养种群。日前，长春市动植物公园慕德俊等人主编的《大鸨饲养管理指南》即将付梓出版。这是国内第一部专门针对大鸨饲养管理方面的专业性著作，是迁地保护的一次全新总结和提升。我作为长期从事大鸨保护研究工作的一位科研工作者，对此由衷地感到欣慰。

该书的出版必将推动大鸨保护工作的进一步发展，对提高大鸨的饲养繁育和救护水平，推动大鸨保护工作科学化、标准化和现代化具有重要作用和意义。

东北林业大学　田秀华教授

2024 年 6 月

序 三

　　大鸨属大型地栖鸟类，国家一级保护动物。2024 年，世界范围内大鸨约 29 000 只，在我国分布的大鸨 1 000～2 000 只（包含普通亚种、指名亚种）。大鸨耐寒、机警、很难靠近、善奔走，主要栖息于开阔的平原、干旱草原、稀树草原和半荒漠地区，在冬季和迁徙季节也出现于河流、湖泊沿岸和邻近的干湿草地。大鸨为混配繁殖，即一雄多雌和一雌多雄交配现象共同存在，雄鸨和雌鸨只是在繁殖期在一起，雄鸨交配之后就"另觅新欢"去了，使人常有大鸨繁殖没有雄鸨的错觉。

　　自 20 世纪 90 年代，因救护需要，我国开始人工饲养大鸨（主要在动物园饲养）。长春市动植物公园于 1992 年开始人工饲养大鸨，是最早饲养大鸨的动物园之一。目前，全国仅有两家动物园实现了大鸨的人工繁育成活。长春动植物公园饲养的大鸨，1998 年首次产卵，2004 年首次实现卵受精，2005 年人工育雏成活，2009 年子二代繁殖成活。据了解，2019 年以来，在人工饲养条件下，仅长春市动植物公园 1 只雌性大鸨产卵。

　　为了加强圈养动物种群管理，中国动物园协会在 2013 年成立了物种种群管理工作委员会，2017 年成立了

1

大鸨种群管理组，确定长春市动植物公园为组长单位，协助协会负责建立圈养大鸨谱系及种群管理协调工作。根据谱系统计，截至 2023 年 3 月，国内动物园中仅有 7 家饲养大鸨，存栏仅 21 只，其中长春市动植物公园有 7 只（5 公 2 母），占存栏总数的 1/3。多年来，人工饲养的大鸨数量增加极其缓慢，这与大鸨生性胆小、极其敏感的特性有很大关系，我本人也经历过在饲养操作、运输等过程中，大鸨发生严重外伤甚至死亡的事件。谱系资料显示，近年来，人工饲养大鸨的死亡原因多与环境因素和自身行为因素有关，约 69％为应激外伤或内脏病变死亡。

20 世纪 90 年代以来，各个动物园在饲养大鸨过程中，积累了大量的饲养、繁殖、疾病防治等经验与教训，但由于缺乏系统的总结，这些经验和技术未能为大鸨饲养单位提供有效的帮助。为了加强大鸨的种群管理，在中国动物园协会物种委员会组织下，长春市动植物公园编写了《大鸨饲养管理指南》，系统地阐述了大鸨分布及保护情况、救护和饲养、疾病防治及种群管理全过程，是一本指导饲养实践的实用工具书，也为制定和完善《野生动物人工繁育技术规程·鸨》国家林业行业标准奠定了基础。

动物园是野生动物易地保护机构，对濒危动物保护起着重要作用。在大熊猫、朱鹮、麋鹿等物种的成功保护和种群复壮方面，动物园发挥了不可替代的重要作用。动物园的种群管理工作，可促进圈养繁殖科学化、规范化，增

加野生动物种群数量，提高饲养管理技术，协助开展珍稀
野生物种种质资源保存，为物种再引入，野外种群恢复成
为有活力、可持续发展的种群，以及我国生物多样性保护
和生态文明建设发挥积极的促进作用。

北京动物园　张成林研究员

2024 年 6 月

前言

　　大鸨，是世界瞩目的濒危鸟类，草原生态的指示物种，生物多样性的重要组成部分。大鸨体态端庄，羽色独树一帜。雄鸨的炫耀行为，是难得一见的视觉盛宴。大鸨曾为我国常见的大型鸟类，最早的记载可以追溯到《诗经》："肃肃鸨行，集于苞桑。"自 20 世纪 60 年代初起，大鸨的野外繁殖区域不断缩小，种群数量急剧下降，被《中国绿色时报》评为中国十种濒危鸟类之一。

　　20 世纪 50 年代，我国开始尝试人工饲养大鸨，主要是在各地的动物园、繁育中心及保护区开展，但很难饲养和救护成活。20 世纪 70 年代末，救护大鸨的饲养成活率有所提升。20 世纪 80 年代末，大鸨人工育雏初见成效，哈尔滨动物园（今哈尔滨北方森林动物园）和白城劳动公园（白城森林动物园）等单位都进行过大鸨雏鸟的救护，但成活率仅为 40%～50%。20 世纪 90 年代，哈尔滨北方森林动物园实现大鸨人工繁育成活。2005 年和 2009 年，长春市动植物公园人工繁育大鸨成活。虽然人工饲养繁育技术已经有所突破，但因大鸨自身生物学特性及人工饲养环境、设施等因素的限制，我国目前尚未建立稳定的人工饲养种群，迁地保护工作任重而道远。

为更好地保护濒危野生动物——大鸨，在中国动物园协会组织下，编者团队与国内大鸨饲养单位、保护区共同总结大鸨救护和饲养经验，编撰了《大鸨饲养管理指南》一书。本书前两章系统地归纳了大鸨的生物学特性和野外保护情况，并阐述了大鸨在人工条件下的饲养、繁育技术，从日常管理到繁育期管理，从饲养环境、设施条件到捕捉保定、巢址选择、发情炫耀、交尾、产卵、孵化及人工育雏，细致地阐述了人工条件下如何安全、有效地管理大鸨。大鸨救护和医疗是饲养和保护过程中的常发性事件，因此本书第三章有针对性地介绍了如何开展大鸨的收容救护和疾病检查与防治。第四章介绍了大鸨的迁地保护历史和救护案例，从动物情况、笼舍环境和饲养管理三个方面，展开介绍了哈尔滨北方森林动物园、长春市动植物公园、天津市动物园等七家大鸨饲养单位的救护和饲养经验。保护教育是濒危野生动物保护的重要工作之一。本书最后一章分析了大鸨的濒危原因并探讨如何开展大鸨保护教育活动。综上，希望本书能对大鸨的饲养实践具有指导意义，促进救护和医疗工作的提升，为野外种群保护提供支持。

本书在编写过程中翻阅了大量的国内外文献资料，文中引用的研究成果，在参考文献中注明，在此向原作者表示感谢。同时，感谢北京动物园张成林园长、欧乐堡动物王国卫泽珍园长给予本书的修改建议。感谢北京动物园刘学锋老师在本书出版上提供的帮助。本书在编写过程中，东北林业大学田秀华教授给予了非常宝贵的指导意见，在此特别感谢。

　　本书历经多次修改，不妥和错误之处仍在所难免，敬请指正。编者团队会继续投身大鸨的饲养繁育、医疗救护等保护和科研工作，推进濒危物种保护向好、向前、不断发展！

编　者

2024 年 6 月

目录

第一章 大鸨的生物学特性及野外保护

第一节 分 类

全世界鸨科鸟类共 11 属 25 种（田秀华，2001），见表 1-1，其中仅有大鸨和小鸨是亚洲、欧洲和非洲所共有的鸨。非洲分布的鸨种类最多，达到了 21 种，其次亚洲有 6 种，欧洲有 2 种，大洋洲仅有 1 种。中国分布的鸨科鸟类有 3 属 3 种，即大鸨（*Otis tarda*）、小鸨（*Tetrax tetrax*）和波斑鸨（*Chlamydotis undulata*）。大鸨（*Otis tarda*）隶属鹤形目（Gruiformes）鸨科（Otididae）大鸨属（*Otis* Linnaeus，1758）。大鸨是中国分布的 3 种鸨中体型最大的，俗称地鹨、老鸨、羊须鸨，是国家一级重点保护野生动物，被列入《濒危野生动植物种国际贸易公约》附录 II。2023 年，大鸨在世界自然保护联盟（IUCN）濒危物种红色名录中的保护级别由易危（VU）上调为濒危（EN）。大鸨早期被分为指名亚种（*Otis tarda tarda*）、中亚亚种（*Otis tarda korejewi*）和普通亚种（*Otis tarda dybowskii*）。田秀华（2001）研究指出，中亚亚种和指名亚种差别不明显，中亚亚种系指名亚种的同物异名，大鸨应分为指名亚种和普通亚种（又称东方亚种）2 个亚种。大鸨虽被划分在鹤形目，但在外形和习性方面与鹤科鸟类有着明显区别，求偶方式也明显有别于鹤科鸟类。

表 1-1　世界鸨类一览

序号	种名			分布	保护级别		
	中文名	拉丁文学名	英文名		中国	CITES 公约	IUCN 濒危等级
1	大鸨	*Otis tarda*	Great Bustard	亚洲、非洲、欧洲	一级	附录Ⅱ	EN
2	角鹭鸨/阿拉伯鸨	*Ardeotis arabs*	Arabian Bustard	非洲		附录Ⅱ	NT
3	灰颈鹭鸨	*Ardeotis kori*	Kori Bustard	非洲		附录Ⅱ	NT
4	黑冠鹭鸨/印度鹭鸨	*Ardeotis nigriceps*	Great Indian Bustard	亚洲		附录Ⅰ	CR
5	澳洲鹭鸨/澳大利亚鸨	*Ardeotis australis*	Australian Bustard	大洋洲		附录Ⅱ	LC
6	波斑鸨	*Chlamydotis undulata*	Houbara Bustard	亚洲、非洲	一级	附录Ⅰ	VU
7	白颈非洲鸨/黑头鸨	*Neotis ludwigii*	Ludwig's Bustard	非洲		附录Ⅱ	EN
8	黑冠非洲鸨/黑冠鸨	*Neotis denhami*	Denham's Bustard	非洲		附录Ⅱ	NT
9	东非鸨/黑脸鸨	*Neotis heuglinii*	Heuglin's Bustard	非洲		附录Ⅱ	LC
10	黑喉非洲鸨/棕顶鸨	*Neotis nuba*	Nubian Bustard	非洲		附录Ⅱ	NT
11	白腹鸨	*Eupodotis senegalensis*	White-bellied Bustard	非洲		附录Ⅱ	LC
12	蓝鸨	*Eupodotis caerulescens*	Blue Bustard	非洲		附录Ⅱ	NT
13	黑喉鸨	*Eupodotis vigorsii*	Karoo Bustard	非洲		附录Ⅱ	LC
14	纳米比亚鸨/汝氏鸨	*Eupodotis rueppelii*	Rüppell's Bustard	非洲		附录Ⅱ	LC
15	小褐鸨	*Eupodotis humilis*	Little Brown Bustard	非洲		附录Ⅱ	NT

（续）

序号	种名			分布	保护级别		
	中文名	拉丁文学名	英文名		中国	CITES 公约	IUCN 濒危等级
16	沙氏凤头鸨/ 萨氏冠鸨	*Lophotis savilei*	Savile's Bustard	非洲		附录Ⅱ	LC
17	黄冠鸨/ 软冠鸨	*Lophotis gindiana*	Buff-Crested Bustard	非洲		附录Ⅱ	LC
18	红冠凤头鸨	*Lophotis ruficrista*	Red-crested Bustard	非洲		附录Ⅱ	LC
19	黑鸨	*Afrotis afra*	Black Bustard	非洲		附录Ⅱ	VU
20	白翎鸨/ 白翅黑鸨	*Afrotis afraoides*	White-quilled Bustard	非洲		附录Ⅱ	LC
21	黑腹鸨/ 褐黑腹鸨	*Lissotis melanogaster*	Black-bellied Bustard	非洲		附录Ⅱ	LC
22	哈劳氏鸨/ 灰黑腹鸨 （哈氏鸨）	*Lissotis hartlaubii*	Hartlaub's Bustard	非洲		附录Ⅱ	LC
23	孟加拉鸨/ 南亚鸨	*Houbaropsis bengalensis*	Bengal Florican	亚洲		附录Ⅰ	CR
24	姬鸨	*Sypheotides indica*	Lesser Florican	亚洲		附录Ⅱ	CR
25	小鸨	*Tetrax tetrax*	Little Bustard	亚洲、 非洲、欧洲	一级	附录Ⅱ	NT

注：EX（灭绝）、EW（野外灭绝）、CR（极危）、EN（濒危）、VU（易危）、NT（近危）、LC（无危）。

第二节 形　态

一、外部形态

大鸨是一种大中型陆栖鸟类。头大而圆，虹膜为暗褐色。喙粗壮，比头稍短。嘴峰尖端呈拱形，稍向下弯曲。鼻孔大，长椭圆形，鼻骨沟宽，上有细的鼻须，眼先羽毛达鼻孔前上部。站立、行走或奔跑时，颈部垂直向上，头嘴平伸。两性羽色相似，身体基部羽毛为白色，背部羽毛有黑色和金色相间的条纹。翅膀宽阔，飞翔有力。趾短而宽，爪短而钝平。

成年大鸨体长 750～1 050mm，体重 3 300～18 000g，翼展 1 900～2 600mm，雄鸨的体型比雌鸨大 50% 左右，体重是雌鸨的 3～4 倍（田秀华，2001）。体长、尾长等体尺数据的测量，是物种普查、生长发育监测和健康评估的基础手段。体尺测量方法见彩图 1。内蒙古兴安盟草原 8 只大鸨的体尺测量数据见表 1-2（田秀华，2001）。

表 1-2　成体及亚成体大鸨体尺的测量数据（mm）

采集地点	序号	性别	年龄（岁）	体长	尾长	翅长	嘴峰	跗跖	中趾	中爪
内蒙古兴安盟草原	1	雄	10	970	305	620	60	160	76	18
	2	雄	8	960	280	590	60	160	76	18
	3	雄	6	955	280	620	60	160	72	18
	4	雄	4	950	280	590	60	160	70	18
	5	雄	1	901	240	550	60	160	76	12
	6	雌	8	760	220	460	42	145	60	12
	7	雌	6	770	220	450	44	140	60	12
	8	雌	1	740	210	460	42	140	60	12

1. 成体　雄鸨头部和颈部的羽毛为暗淡的灰蓝色，颏和上喉灰白色略淡染锈红色，后颈较低处栗棕色羽毛向下延伸至前胸，呈半领状圈。颏、喉和嘴角有较长的白色纤羽，向喉两侧突出，形成嘴须（须状羽），长达 10～12cm，在繁殖期尤为明显。上体部羽色为栗棕色，布满黑色横斑和虫蠹状细斑，腹部羽色为白色。非繁殖期与繁殖期羽色基本相似，但颏部须状羽不明显。繁殖期的雄鸨由于喉囊的膨胀，加上颈部浓密的羽毛，显得颈部，特别是颈下部很粗。雄鸨在发情炫耀时，前颈及上胸皮肤呈蓝灰色。

雌鸨与雄鸨羽色近似，但颏部无须状羽或须状羽几乎不可见，整个头部、颈部和胸部均为浅灰色，前胸羽毛不呈现栗棕色的半领状圈。

指名亚种和东方亚种外形区别不明显，体羽颜色相似，东方亚种体羽颜色较暗，黑色横斑较粗。

2. 亚成体及雏鸟　亚成体雌雄大鸨的外形与成年雌性相似，但头颈部多了一些绒毛，身体上部还有少量的绒羽。未发育成熟的雄鸨颏下无须状羽。

雏鸟头颈具有较多黄色斑纹，翅的白色部分多具黑色斑纹，大覆羽具棕色斑。刚孵出的雏鸟身上多被以栗色绒羽，背部呈黄褐色至浅黄色，中部有不规则褐色虫蠹状斑，颈侧、颈前、胸肋、腹及大腿为深褐色，喙、跗跖、颊和爪均呈铅黑色，上喙尖有 1mm×2mm 大小的卵齿。

视频 1　扫描二维码，观看
人工饲养条件下 2 日龄的雏鸟
（拍摄于长春市动植物公园）

二、羽毛

1. 羽毛的分类及功能　覆盖于躯体表面的羽毛，是大鸨重要的外貌特征，其形态发生和结构组成与大鸨的生长及健康密切相关。羽毛是表皮细胞所分生的角质化物质，主要由角蛋白构成，羽毛不仅能用于飞翔，还有保温、防护、游泳、调控温度等功能。根据形状和所处部位不同，羽毛可分为正羽、绒羽和纤羽。

（1）正羽　着生于皮肤，为覆盖体外的大型羽毛，主要由羽根、羽轴、羽枝构成。其中，羽轴深入皮肤部分是羽根，而羽枝相互勾连形成羽片。另外，生长于翅部和尾部的正羽又被称为翅羽和尾羽。

（2）绒羽　雏鸟身体表面多为绒羽，换羽后被正羽覆盖。绒羽羽轴较短，而羽枝发出的羽小枝间没有相互勾连，故不成羽片；绒羽呈蓬松状，有绝缘保护作用。

（3）纤羽（又称毛羽）　在结构上和毛发相似，只在其顶部有一些羽枝，其散布在正羽与绒羽之间，除去正羽和绒羽后可观察到（龙美和，2024）。

2. 羽毛的结构

（1）飞羽　大鸨飞羽的上端为棕黑色，下端白色，羽轴两边羽枝不对称，内翈明显宽于外翈。飞羽主要由两种类型的羽小枝构成：有钩羽小枝和无钩羽小枝。有钩羽小枝主要包括基柄、羽脉、腹齿、小钩、腹纤毛和背纤毛等几个部分。无钩羽小枝由基柄、腹齿、羽脉等构成，一枚飞羽不同部位的无钩羽小枝，其形态和结构的变化主要是羽脉的长度和腹齿数不同。有钩羽小枝和无钩羽小枝是构成飞羽的基本结构，有钩羽小枝的小钩搭于无钩羽小枝的腹齿上并相扣合，形成了坚固的翈面，是鸟类飞翔的重要结构（费荣梅，2002）。

（2）尾羽　尾羽上端灰褐色，中部白色，下端有不成翈的羽枝，由三种类型的羽小枝构成：节状羽小枝、有钩羽小枝和无钩羽小枝。

（3）廓羽　廓羽和覆羽是由不成翈羽枝、半成翈羽枝、成翈羽枝组成。不成翈羽枝在羽毛的最基部，羽枝上不着生有钩羽小枝和无钩羽小枝，而全部为节状羽小枝。半成翈羽枝位于中部，是成翈羽枝和不成翈羽枝的过渡，羽轴的一侧为有钩羽小枝。1月龄左右的大鸨，除头部和腹部，身体大部分开始长出覆羽。

（4）绒羽　绒羽密生于正羽下面，在鸟体上数量最多，分布最广。绒羽的结构特点是羽轴短，在其顶端发出细丝状的羽枝。羽枝为节状羽小枝，没有羽小钩，不能相互扣合成羽片，而是蓬松成绒状，每枚羽小枝由节和节间距构成。羽枝节状结构的形态特征和节间距的稳定性，可作为鸟类目级分类的辅助依据。

（5）饰羽 饰羽主要着生在颌下和喙缘两侧。颌下饰羽披散若丝，羽枝细长，对生和轮生。喙缘饰羽整片羽毛细长，羽枝细短，披散若丝。两种饰羽由节状羽小枝构成。

（6）羽轴 羽轴是羽枝着生的支架，也是整片羽毛的中柱，是羽毛整体强度的主要来源。羽轴的两侧斜生出平行的羽枝，羽枝的中轴称羽枝轴，羽枝轴的两侧又着生许多有钩和无钩的羽小枝。羽轴和羽枝轴从外向内有三层结构：表面盖、皮质层和髓质层。髓质层的髓腔内有大量气室，可减轻羽片重量。

3. 换羽 过了繁殖期的成年大鸨从头、身体到尾部彻底换羽。每年从 6 月末或 7 月中旬开始换羽，到 9 月末或 10 月初结束。雄性比雌性稍早。飞羽主要在 7—9 月换。有的大鸨在繁殖前期也换羽，仅是头、颈和胸，部分换羽，从 12 月中旬到翌年 3 月初，从后颈下部和纤羽处开始，然后遍及整个颈部、胸部及头顶。首次进入繁殖期前的大鸨，头顶及胸不总是完全换羽，有时包括身体的一些羽毛也不完全换（田秀华，2001）。

第三节 组织解剖

一、骨骼

大鸨的骨骼（彩图 2 和彩图 3）由中轴骨和四肢骨两部分构成。中轴骨包括头骨和连接胸骨和肋骨的脊柱。四肢骨包括肩带与前肢及腰带与后肢。

1. 中轴骨

（1）头骨 大鸨头骨钝圆，眼窝将头骨划分为面部和颅部，上颌骨的腭突左右互相分离，口盖均属裂腭型，额骨的眶间部两侧有上下两条棱脊，使眼眶顶壁增厚。眶间隔中央有一较大的孔，视神经从此经过。眼眶的前沿由泪骨构成，下端与额骨不接触。额骨额突构成头骨的最外缘，是头骨的最宽处。

（2）脊柱 大鸨的脊柱由颈椎、胸椎、综荐骨和尾椎构成。

①颈椎。颈椎第 1 节称为寰椎，第 2 节称为枢椎，颈椎第 2～3 节棘突较明显，第 4～11 节棘突消失，第 12～14 节又较明显，到胸椎全被中央纵棘取代。大鸨颈椎从第 11 枚起横突加宽，椎骨块呈方形或横宽的典型构造，即从脊椎骨前端两侧横突的底缘向后伸出一细长骨针及若干较短而不规则的薄片骨刺（肌腱骨化而成）。

②胸椎。大鸨的胸椎 9 节，其左右均有肋骨相连接。第 2～3 节有腹突，其余的无腹突，胸椎横突下端均有关节面，供肋骨结节附着，椎体两侧的关节面供肋骨头附着，各胸椎棘突高度相等，最后两枚胸椎愈合成一体，成为综荐骨的一部分，不能活动。这些都增强了胸椎的整体支持功能。

③综荐骨。大鸨综荐骨（又称为愈合荐骨）是由全部腰椎（5 节）、全部荐椎（3 节）、部分胸椎（2 节）和部分尾椎（8 节）愈合而成；又与宽大的骨盆（坐骨、耻骨、髂骨）相愈合，是大鸨在地面行走时支持体重的坚实支架。

④尾椎。大鸨尾椎（实指游离尾椎）为 6 节，上端无棘突，下端有腹突，大鸨最后一个大骨节是尾综骨，呈直立状，后缘加厚，前缘较薄，是尾羽着生的基础。

⑤ 胸骨和龙骨突。大鸨胸骨前后两端较中部稍宽，前端略呈箭头状，两个斜边上有乌喙骨相关节。胸骨的两侧缘由前向后逐渐变薄，后端有 2 对缺刻，两侧各有 6 个突起的关节面与肋骨连接。

⑥肋骨。大鸨的肋骨共 8 对，第 1～2 对为针状，仅有半截椎肋，无胸肋。第 3～8 对椎肋后缘有长短不等的钩状突，其中 5～8 对钩状突较长，与各自后缘的肋骨相搭接，增强了胸廓的保护作用。

2. 四肢骨

（1）肩带和前肢骨

①肩胛骨。大鸨的肩胛骨基部呈半弯曲状，近侧端膨大，与乌喙骨上端通过可动关节连接，二者共同形成肩臼，以容纳肱骨头。

②乌喙骨。大鸨的乌喙骨短粗，下端膨大成鞍状关节面，与胸骨相连。

③锁骨。大鸨的两锁骨愈合为一块，形成弧形，夹角约为60°。从侧面看，大鸨的锁骨与龙骨突连接处的前方明显向内凹入。

④肱骨。肱骨是鸟类最粗的长骨，稍侧扁，近侧端膨大，与肩臼连接。大鸨肱骨下后方有一近圆形大孔，孔内壁上还有若干小孔，使骨腔与锁间气囊相通，骨呈不透明状。

⑤尺骨和桡骨。前臂包括 2 块长骨，即尺骨和桡骨，尺骨粗，呈弧形弯曲。大鸨的尺骨后缘有 13 个小结节，其中第 11~13 结节低平不明显。桡骨细，两头均和尺骨相连。

⑥掌骨。大鸨掌部第 1、4 掌及其指骨退化消失，第 3 掌骨最发达，起主要支撑作用。

（2）腰带和后肢骨

①髂骨、坐骨和耻骨。耻骨与坐骨分离而不愈合，坐骨孔背侧有条不明显的侧脊。髂骨、坐骨、耻骨 3 枚骨合称髋骨，组成了大鸨的开放式骨盆。

②股骨。大鸨股骨较粗短，近似笔直，近侧端有显著的股骨头，其关节面延至转节，远侧端有与膝盖骨形成关节的深骨窝，有与腓骨形成关节的 2 个凸出骨髁，外侧的骨髁有沟，容纳腓骨头。

③胫骨、腓骨。胫骨约与肱骨等长，形状笔直。腓骨呈细针状，贴附于胫骨外侧，下部愈合在胫骨上。

④跗跖骨。跗跖骨是 1 枚单独的管状长骨，形笔直，明显短于尺骨。大鸨的跗跖骨近侧端有 2 个关节窝和胫跗关节，后侧有 1 个被圆孔上下贯通的纵脊，远侧端有 3 个关节突。

⑤趾骨。趾骨有 3 节，均向前，第 1 趾骨有 3 节趾节骨（含爪节骨），第 2 趾骨有 4 节趾节骨，第 3 趾骨有 3 节趾节骨。丹顶鹤有 4 节趾骨，3 前 1 后。趾骨的不同是其同目而不同科的重要原因。这是它们生境不同形成的结果。

二、消化系统

大鸨的消化道同其他禽类一样，都由口咽、食管、腺胃、峡部、肌胃、十二指肠、空肠、回肠、盲肠、直肠和泄殖腔组成。除与其他禽类消化系统的共性外，还有其个性。刘玉堂（2003）通过常规石蜡切片观察大鸨消化系统的组织结构，发现大鸨食管复层扁平上皮角化不明显，黏液腺十分丰富。小肠内环肌发达，黏膜下层不明显，十二指肠处绒毛最高，分支最复杂，无十二指肠腺。盲肠前部具发达的绒毛，而中后部不明显。直肠绒毛发达，杯状细胞增多，盲肠与直肠黏膜下层较发达。肝、胰小叶界限不清。腺胃内有发达的复管状腺和单管状腺，密集排列在胃壁内。腺胃乳头内有发达的黏液腺，开口于乳头顶部，复管状腺的集合窦则开口于黏液腺底部。肌胃黏膜内密布单管状腺，无黏膜肌。超薄切片透射电镜观察大鸨前胃及肌胃超微结构，发现大鸨胃具有较强的消化能力。

大鸨的食管在扫描电子显微镜下，可以看到其纵行皱襞的表面凹凸不平，还具有小的纵行皱襞。由于食管是易于扩张的肌性管道，当较大的食团通过时，这些皱襞会局部展平以利于食团通过。在小的纵行皱襞表面仍具不规则的树突状突起，并有许多球形突起，其直径比肠绒毛细 1/10～1/5，当食物通过食管时，突起的尖部与食团接触面积减少，同时夹在突起间的由食管腺分泌的黏液（起润滑作用），这样的结构更有利于食物的顺畅通过。大鸨的十二指肠在光镜下为指状或分支状。扫描电镜下黏膜褶侧表面还具有很多小的纵行皱襞。黏膜褶、小的纵行皱襞和微绒毛极大地增加了消化吸收的表面积，延长了食糜在小肠中的停留时间，使营养物质能被充分地消化吸收。这些结构特点说明大鸨的消化能力较强。

1. 口咽　大鸨的喙呈尖端向前的圆锥形，组织坚硬，边缘光滑。大鸨的口腔后缘以舌表面明显的横排乳头和硬腭最后一排乳头作为界线。硬腭位于口咽顶壁，形状与口咽相似。嘴峰与嘴裂的长度在雌雄性别之间存在差异。口咽底部为舌，呈楔形，中后部两侧各有 7～8 个乳头，舌后端有约 12 个乳头。

2. 食道　大鸨的食道始于咽喉末端，以斜面开口，止于腺胃。食管不具有嗉囊，食道宽而管壁薄，食道内壁通常有 9～14 条纵行皱襞，为乳白色，黏膜有较多皱褶，较大的食物通过时，易于扩张。食道内分泌有黏液，对食物起软化、润滑的作用。

3. 腺胃　腺胃位于肝脏左叶的脏面，体中线偏左，呈前后方向引长的纺锤形，浅肉粉色。腺胃末端及峡部与脾脏相邻。腺胃内表面布满肉眼可见的腺胃乳头，在解剖时，从外表面有时也清晰可见。腺胃黏膜表面形成许多乳头状突起，乳头顶部为深陷的开口，许多皱褶排列在乳头周围，黏膜上皮下陷于固有层内形成许多浅腺，为单管状腺。

4. 峡部　峡部是向肌胃的过渡区，是腺胃和肌胃相接、颜色较淡、短而窄的区域。其内表面为乳白色或乳黄色，无乳头，内壁柔软，形成纵行皱襞。其皱襞与食道相比较宽且深，与肌胃相比较柔软且短，有横向分支，这与肌胃皱襞类似。

5. 肌胃　大鸨肌胃的腹侧面为平滑的圆弧形，而背侧为葫芦形，与家禽和大型鸟类的肌胃明显不同。肌胃位于腹腔的左腹侧，打开腹腔时即可看到，肌胃占据腹腔的较大部分，由于胆汁的倒流，肌胃的类角质膜呈棕黄色、深绿色、褐色。肌胃黏膜的类角质膜可形成横向及纵向的皱襞，使得食物在肌胃中有一定的运动方向和顺序，与肌胃肌肉层和肌胃内沙砾一起对食物起到消化作用。肌胃与十二指肠连接处有一可闭合的半圆开口。

6. 小肠　大鸨的小肠可分为十二指肠、空肠和回肠。十二指肠和空肠间的界限可找到，而空肠和回肠的界限有时则不明显。小肠黏膜上皮和固有层向内突出形成大量的长叶状绒毛，绒毛之间互相折叠弯曲呈 Z 形，其形状、大小和数量在不同区域有较大变化。大鸨的小肠绒毛结构与丹顶鹤的不相同：丹顶鹤的肠绒毛为叶状或指状结构，无分支；大鸨的小肠黏膜尤其是在十二指肠部，舌状的绒毛呈 W 形，形成了纵横交错的绒毛黏膜褶。

（1）十二指肠　为浅灰红色，起始于肌胃右腹侧前部，沿着肌胃右侧和右腹壁至左腹侧形成一长的 L 形，十二指肠近端的降袢和远端的升袢，形成 U 形袢，即胰腺位于十二指肠升袢和降袢之间。肝管、胆管、胰管通向十二指肠的末端，作为十二指肠与空肠的分界线。

（2）空肠与回肠　空肠始自胆管、胰管和肝管，在十二指肠末端的开口处，而空肠与回肠的界限是卵黄囊憩室。卵黄囊憩室为很小的盲囊状，形状通常像小辣椒的尖端部分，其末端有短的韧带与空肠相连接。有的个体卵黄囊憩室消失，多数仍保存着胚胎期卵黄囊柄的遗迹，即卵黄囊憩室。空肠的长度约是回肠的 2 倍，空肠为暗红色或土黄色，回肠的颜色与之相近。

7. 大肠　大鸨的大肠分为盲肠和直肠，盲肠极为发达，成年雌性个体盲肠的长度占消化道总长的 35.2%，而成年雄性个体盲肠的长度占消化道总长的 32.2%。

（1）盲肠　是一对盲管，是小肠和直肠相接处的一对肠道突起，以两条短的回盲系膜附着于回肠两侧。盲肠前段沿着回肠逆行向前。左右两根盲肠长度不等，管径粗细不一，左盲肠略短和略宽于右盲肠。盲端直径最小，后段膨大形成结节状。盲肠通常为暗绿色，且分布有纵行乳白色螺旋状的花纹。

（2）直肠　是一条直的管道，末端是膨大的泄殖腔。黏膜上皮由柱状细胞和较多的杯状细胞构成。杯状细胞分泌的黏液有利于粪便排出。

8. 泄殖腔　泄殖腔是消化、泌尿、生殖三个系统的共同通道。泄殖腔背侧皱襞有两个由黏膜形成的半月形皱襞，把泄殖腔隔成粪道、泄殖道和肛道三部分。

9. 消化腺　消化腺包括肝脏、胆囊、胰腺。

（1）肝脏　呈红褐色，分为左右两叶，均位于腹腔前腹部、胸骨背侧，前方与心脏接触。肝脏左叶较小，没有切迹，右叶较大，胆囊是由右肝管膨大而成，两叶背部在体中线前方相接。

（2）胆囊　呈长椭圆形，形状像树椒，为墨绿色，位于肝脏右叶脏面，脾的下方，胆管与左叶肝门发出的肝管都开口于十二指肠末端。

（3）胰腺　呈粉红色，位于十二指肠袢间的肠系膜上，质地较软，容易破碎。从胰腺近中部发出两条胰管到十二指肠和空肠交界处。大鸨胰腺结构与哺乳动物及其他鸟类胰腺相似，但超微结构研究发现有差异，大鸨的胰腺缺乏小叶间结缔组织，这与其飞行行为相适应，即尽量减少无用组织所产生的重量。大鸨胰腺细胞可区分为明和暗两种细胞类型，这在其他动物或与大鸨同目的丹顶鹤胰腺中均未见到（刘玉堂，2002）。

三、泌尿系统

泌尿系统主要包括肾脏、输尿管和泄殖腔，不具膀胱，仅在泄殖腔中有存储尿液的功能。

高春生（2006）研究表明，大鸨与鸡、鸭等家禽相似，左右两肾，呈红褐色长豆荚状，位于腰荐骨与髂骨形成的肾窝内。内缘较平整，外缘有两处明显收缩，髂外动脉和坐骨动脉由此聚集通过，并将肾分成前、中、后3部分。肾不形成肾盂和肾盏，也没有肾门。血管、神经和输尿管在不同部位直接进出肾脏。大鸨肾表面可见有许多深浅不一的裂和沟。较深的裂将肾分为数十个叶，即肾叶。显微镜下观察，每个肾叶又被其表面的浅沟分成数个肾小叶，后者呈不规则形，彼此间由小叶间静脉隔开。大鸨的肾小体与哺乳动物相比体积较小，结构也较简单，肾小体数量多，滤过面积大，弥补了单个肾小体滤过率较低的不足。

四、生殖系统

郭玉荣（2007）研究表明，大鸨雄性生殖系统由睾丸、附睾、输精管和交尾器组成，无真正的阴茎，具有阴茎体。大鸨雌性生殖系统由卵巢和输卵管组成，卵巢和输卵管仅左侧正常发育。

1. 雄性大鸨的生殖系统

（1）睾丸　睾丸一对，黑色、长形、豆状，右侧在前，左侧睾丸略大于右侧。位于肾前部的腹侧，其背内侧为附睾。由睾丸系膜悬吊于腹腔体中线背系膜两侧的肠体腔背侧。左右睾丸的凹面朝向体中线，其长轴相互平行。睾丸从孵化出壳到性成熟无颜色变化，只是体积和重量增长。性成熟后，发情期时睾丸显著增大。大鸨为大中型陆栖鸟类，身体强健，但其睾丸却十分细小。发情期，一只成年雄鸨的一侧睾丸仅为 1.08g，占体重的 0.011%，从幼雏至成体发情期时，睾丸的增大程度也远不及家禽。郭玉荣（2007）认为，睾丸的结构特征影响了雄鸨繁殖能力的扩展，在进化上处于一个不完善的水平。

（2）附睾 在性未成熟时及非发情季节不明显，在成体发情期时显著，呈前端较大的纺锤形。与睾丸同色，位于睾丸的背内侧缘，长轴沿睾丸全长。附睾前端较宽，尾后端较细而延续为输精管。附睾背侧为肾上腺。附睾、睾丸和肾上腺紧密相连。

（3）输精管 开口于附睾尾部，外观为半透明、黑色弯曲的线状，沿肾脏腹内侧与同侧输尿管并行，延伸至泄殖腔壁形成突起，即输精管乳头。

（4）交尾器 大鸨无真正的阴茎，而具一套完整的交尾器，位于泄殖腔后端腹侧，性静止时隐匿在泄殖腔内。交尾器由输精管乳头、脉管体、阴茎体、淋巴襞四部分组成。

输精管乳头位于泄殖腔背侧壁，是输精管末端伸向泄殖腔的圆锥形突起，在输尿管开口腹外侧。大鸨有一对脉管体，呈扁平的纺锤体。阴茎体位于泄殖腔腹中线，由正中阴茎体和左右各一个外侧阴茎体构成。13 日龄和 26 日龄的大鸨，阴茎体已很明显（田秀华，2001）。淋巴襞分别夹在外侧阴茎体与输精管乳头之间。性兴奋时勃起，阴茎体内丰富的淋巴管和脉管体及淋巴襞内的淋巴管道相互连通。

2. 雌性大鸨的生殖系统

（1）卵巢 大鸨的卵巢位于肾脏前部腹面，肾上腺腹侧，左肺后方，以卵巢系膜悬挂在腰部背侧壁上。卵巢以腹膜褶与输卵管相连接。卵巢内包括各发育阶段的卵。在性未成熟时，卵巢很小，形状不规则。性成熟时卵巢因卵泡的发育，卵细胞突出而呈葡萄串状。

（2）输卵管 大鸨的左侧输卵管充分发育，右侧输卵管退化为一段白色盲管，联结于泄殖腔右侧壁。左输卵管开口于卵巢的左后方，沿腹腔背侧壁延伸至泄殖腔，以输卵管系膜悬挂于腹腔顶壁偏左处。左输卵管在性未成熟时为一直形细管，性发育成熟后有较多弯曲，管径也增大。成年大鸨的输卵管因生殖周期的变化而有明显的变化。根据输卵管的结构和功能，大鸨的整个输卵管可依次分为五部分：漏斗部、壶腹部、峡部、子宫部和阴道。

①漏斗部。为输卵管最前端开口于体腔的部分。漏斗部的前部形成漏斗伞，为宽阔的喇叭状开口，朝向卵巢，边缘薄，向后过渡为狭窄的漏斗管，即颈部，其管壁比伞部厚，但比输卵管其他部分薄。输卵管颈部有分泌功能，其分泌物参与形成系带。输卵管的漏斗部是精子和卵子受精的场所。当卵子排到腹腔时，由于漏斗部的强烈活动，把卵子收集到漏斗伞并吞入输卵管。

②壶腹部。为输卵管前端的膨大部分，以短而较细的峡部和子宫部相连接。在输卵管的各段中，壶腹部是最长且弯曲最多的一段，管径大，管壁较厚，黏膜形成纵褶，黏膜褶大而多，能分泌蛋白。当卵细胞旋转下行时，即被所分泌的蛋白包裹。

③峡部。峡部是壶腹部后面变狭窄的部分，略窄且较短，管壁比壶腹部薄而坚实，其内的皱褶比壶腹部少，分泌物构成卵细胞的内外壳膜。

④子宫部。子宫部是输卵管下端的膨大部分，扩大呈囊状，壁较厚。子宫部后端逐渐变尖，呈漏斗状进入子宫部和阴道的连接处。子宫部富有壳腺，其分泌物形成钙质的卵壳，并能分泌多种色素形成带斑点的卵。

⑤阴道。位于输卵管的终端，开口于泄殖腔左侧壁。阴道与子宫部交界处有明显的紧缩。

第四节 生理、生化指标

一、雏鸟的体温指标

田秀华（2001）对雏鸟的体温进行了研究，1～20日龄大鸨雏鸟的体温测量结果见表1-3。

表1-3 大鸨雏鸟体温变化（℃）

日龄	平均值（X）	标准差（SD）	范围极取值（R）
1	37.2	±0.72	36.0~38.7
2	37.1	±0.10	37.0~37.4
3	37.8	±0.12	37.4~38.5
4	38.1	±0.15	37.9~38.7
5	38.4	±0.05	38.2~38.6
6	38.8	±0.25	38.2~39.5
7	38.6	±0.14	38.2~39.1
8	38.7	±0.27	38.0~39.5
9	38.5	±0.22	38.2~39.2
10	38.9	±0.15	38.4~39.4
11	39.2	±0.16	38.3~39.7
12	39.4	±0.16	39.1~39.9
13	39.4	±0.16	38.7~40.1
14	39.5	±0.19	38.4~40.1
15	39.8	±0.14	39.2~40.3
16	40.1	±0.10	39.5~40.2
17	40.5	±0.06	40.1~40.6
18	40.5	±0.08	40.2~40.8
19	40.6	±0.03	40.6~40.7
20	40.6	±0.05	40.5~40.7

二、血液生化指标

田秀华（2001）测定了22项大鸨血液生化值，并与黑颈鹤（*Gnusnigricollis*）比较，结果见表1-4。由表可知，雌鸨的

GPT、AKP、UA、BUN、Cl 生化值高于雄鸨，而 GOT、GOT/GPT、LDH、CK、GIU、TP、ALB、Ca、GLB、P、Na、K、AMY 生化值均低于雄鸨，仅有 CHO、ALB/GLB、Mg 这 3 个值近似相等。经过数理统计分析得到，雌雄个体间 AKP、CK、CIU、Ca、AMY 值差异显著，而其他生化值差异不显著。大鸨雏鸟除 K、Cl、P、BUN、UA、TG、AKP 生化值低于黑颈鹤以外，其他生化指标均高于黑颈鹤，而亚成体大鸨除 UA 低于黑颈鹤外，其他生化值均高于成年黑颈鹤。

表 1-4 大鸨血液生化指标分析结果

测定项目	实验动物	样本数 (n)	平均值 (X)	标准差 (SD)	F 检验	实际变动范围	黑颈鹤参考值
谷丙转氨酶 (GPT, U/L)	W	8	27.63	8.03		17.00~38.00	
	$C_{雌}$	4	28.50	6.45	$F < F_{0.05}$	20.00~34.00	
	$C_{雄}$	4	26.75	10.34	$F < F_{0.05}$	17.00~38.00	—
	M_1	4	27.00	10.10		17.00~38.00	
	M_2	4	28.25	6.90		19.00~34.00	
谷草转氨酶 (GOT, U/L)	W	8	179.63	144.81		18.00~402.00	
	$C_{雌}$	4	122.00	120.35	$F < F_{0.05}$	24.00~297.00	
	$C_{雄}$	4	237.25	159.96	$F < F_{0.05}$	18.00~402.00	—
	M_1	4	129.00	83.60		18.00~402.00	
	M_2	4	230.25	91.57		95.00~297.00	
谷草转氨酶/谷丙转氨酶比值 (GOT/GPT)	W	8	7.44	4.55		0.73~14.21	
	$C_{雌}$	4	4.08	3.35	$F < F_{0.05}$	0.73~8.74	
	$C_{雄}$	4	10.81	2.61	$F < F_{0.05}$	7.85~14.21	—
	M_1	4	6.38	6.97		0.73~10.59	
	M_2	4	8.51	5.00		3.25~14.21	
乳酸脱氢酶 (LDH, U/L)	W	8	834.53	353.01		100.2~1 256	
	$C_{雌}$	4	474.70	426.06	$F < F_{0.05}$	125.6~962	318.50
	$C_{雄}$	4	911.75	192.27	$F < F_{0.05}$	731~1 155	469.67
	M_1	4	869.25	260.30		702~1 256	
	M_2	4	799.80	468.83		109.2~1 155	

（续）

测定项目	实验动物	样本数 (n)	平均值 (X)	标准差 (SD)	F 检验	实际变动范围	黑颈鹤参考值
碱性磷酸酶 (AKP, U/L)	W	8	230.88	148.31		66～537	
	C雌	4	298.75	192.48	$F < F_{0.05}$	66～537	
	C雄	4	163.75	47.23	$F < F_{0.05}$	106～216	52.30
	M1	4	240.50	194.97		106～537	373.25
	M2	4	187.25	90.25		66～283	
肌酸激酶 (CK, U/L)	W	8	153.25	79.46		38～303	
	C雌	4	149.00	35.36	$F < F_{0.05}$	103～181	
	C雄	4	157.50	115.90	$F < F_{0.05}$	38～303	—
	M1	4	104.75	58.69		38～181	
	M2	4	201.75	70.82		140～283	
尿酸 (UA, mmol/L)	W	8	334.50	144.28		140～597.7	
	C雌	4	359.23	165.55	$F < F_{0.05}$	225.5～597.7	
	C雄	4	309.78	139.77	$F < F_{0.05}$	148～489	379.97
	M1	4	275.75	36.36		292.1～310	806.55
	M2	4	393.25	195.05		148～597.7	
尿素氮 (BUN, mmol/L)	W	8	0.83	0.29		0.53～1.29	
	C雌	4	0.88	0.26	$F < F_{0.05}$	0.54～1.18	
	C雄	4	0.79	0.35	$F < F_{0.05}$	0.53～1.29	0.77
	M1	4	0.99	0.32		0.57～1.18	1.65
	M2	4	0.68	0.17		0.53～0.86	
总胆固醇 (CHO, mmol/L)	W	8	5.93	0.98		5.0～7.5	
	C雌	4	5.93	0.91	$F < F_{0.05}$	5.1～6.9	
	C雄	4	5.93	1.19	$F < F_{0.05}$	5.0～7.5	—
	M1	4	5.38	0.56		5.0～6.2	
	M2	4	6.48	1.07		5.0～7.5	
甘油三酯 (TG, mmol/L)	W	8	1.84	0.30		1.4～2.4	
	C雌	4	1.90	0.36	$F < F_{0.05}$	1.6～2.4	
	C雄	4	1.78	0.37	$F < F_{0.05}$	1.4～2.0	0.47
	M1	4	1.95	0.31		1.8～2.4	2.76
	M2	4	1.73	0.28		1.6～2.0	

（续）

测定项目	实验动物	样本数（n）	平均值（X）	标准差（SD）	F 检验	实际变动范围	黑颈鹤参考值
葡萄糖（GLU'mmol/L）	W	8	13.10	0.94		11.9～15	
	$C_雌$	4	7.36	5.85	$F < F_{0.05}$	12.4～13.4	
	$C_雄$	4	13.38	1.2	$F < F_{0.05}$	11.9～15	11.15
	M_1	4	13.53	1.06		12.7～15	10.27
	M_2	4	12.68	0.66		12.4～13.4	
总蛋白（TP，g/L）	W	8	42.33	6.25		36.7～53.7	
	$C_雌$	4	41.15	4.61	$F < F_{0.05}$	38.4～48	
	$C_雄$	4	43.50	8.14	$F < F_{0.05}$	36.7～53.3	28.78
	M_1	4	46.70	6.17		38.4～53.7	33.8
	M_2	4	37.99	1.45		6.7～39.0	
白蛋白（ALB，g/L）	W	8	18.19	2.12		15.9～21.1	
	$C_雌$	4	17.80	1.78	$F < F_{0.05}$	15.9～20.2	
	$C_雄$	4	18.55	2.63	$F < F_{0.05}$	15.9～20.2	13.32
	M_1	4	19.43	2.38		20.2～21.1	14.45
	M_2	4	16.93	0.79		15.9～17.6	
钙（Ca，mmol/L）	W	8	2.69	0.30		2.1～3.1	
	$C_雌$	4	2.65	0.06	$F < F_{0.05}$	2.6～2.7	
	$C_雄$	4	2.73	0.45	$F < F_{0.05}$	2.1～3.1	2.28
	M_1	4	2.85	0.24		2.6～3.1	2.09
	M_2	4	2.52	0.29		2.1～2.7	
球蛋白（GLB，g/L）	W	8	24.15	4.29		20.00～32.2	
	$C_雌$	4	23.35	3.06	$F < F_{0.05}$	20.8～27.8	
	$C_雄$	4	24.95	5.64	$F < F_{0.05}$	20～32.2	15.36
	M_1	4	27.28	3.99		22.5～32.2	19.35
	M_2	4	21.03	0.95		20.0～22.3	
白蛋白/球蛋白比值（ALB/GLB）	W	8	0.76	0.06		0.71～0.85	
	$C_雌$	4	0.77	0.06	$F < F_{0.05}$	0.71～0.85	
	$C_雄$	4	0.076	0.07	$F < F_{0.05}$	0.66～0.84	—
	M_1	4	0.72	0.05		0.66～0.77	
	M_2	4	0.81	0.04		0.76～0.85	

（续）

测定项目	实验动物	样本数 (n)	平均值 (X)	标准差 (SD)	F 检验	实际变动范围	黑颈鹤参考值
磷 (P, mmol/L)	W	8	1.74	0.34		1.2～2.3	
	C雌	4	1.63	0.31	$F < F_{0.05}$	1.2～1.9	
	C雄	4	1.85	0.37	$F < F_{0.05}$	1.5～2.3	1.03
	M₁	4	1.93	0.30		1.6～2.3	2.98
	M₂	4	1.55	0.29		1.2～1.9	
镁 (Mg, mmol/L)	W	8	1.18	0.16		1.0～1.5	
	C雌	4	1.20	0.20	$F < F_{0.05}$	1.1～1.5	
	C雄	4	1.15	0.13	$F < F_{0.05}$	1.0～1.3	0.68
	M₁	4	1.23	0.22		1.0～1.5	0.67
	M₂	4	1.13	0.05		1.1～1.2	
钠 (Na, mmol/L)	W	8	148.01	3.31		142.4～152.8	
	C雌	4	147.95	4.36	$F < F_{0.05}$	142.4～152.8	
	C雄	4	148.10	2.07	$F < F_{0.05}$	148.1～150	141.98
	M₁	4	150.00	7.80		147.2～152.8	140.15
	M₂	4	146.53	3.12		142.4～149.4	
钾 (K, mmol/L)	W	8	2.64	0.67		2.08～3.17	
	C雌	4	2.59	0.57	$F < F_{0.05}$	2.08～3.27	
	C雄	4	2.71	0.91	$F < F_{0.05}$	1.94～3.71	2.26
	M₁	4	3.04	0.80		2.15～3.71	6.10
	M₂	4	2.34	0.41		2.08～2.84	
氯 (Cl, mmol/L)	W	8	113.04	4.92		106.9～119.6	
	C雌	4	114.55	6.21	$F < F_{0.05}$	106.9～119.6	
	C雄	4	113.03	2.06	$F < F_{0.05}$	108.9～113	105.25
	M₁	4	111.80	6.83		106.9～119.6	114.08
	M₂	4	113.98	3.82		111.2～119.6	
淀粉酶 (AMY, U/L)	W	8	845.71	340.52		616～1 355	
	C雌	4	901.50	320.24	$F < F_{0.05}$	616～1 355	
	C雄	4	938.00	87.54	$F < F_{0.05}$	884～1 039	209.17
	M₁	4	766.87	654.61		616～1 355	189.00
	M₂	4	891.25	114.15		761～1 039	

注：W 为 8 只大鸨；C雌 为 4 只雌性；C雄 为 4 只雄性；M₁ 为 4 只亚成体；M₂ 为 4 只雏鸟；$F < F_{0.05}$ 为差异显著。

三、生理指标

田秀华（2001）选取健康的大鸨，测得其各项生理指标。大鸨血液分析结果见表 1-5。测得大鸨平均呼吸为 25 次/min，体温为 40.9℃，心跳为 115～130 次/min。大鸨的白细胞数为（15.5±3.4）×10^9 个/L，低于丹顶鹤的（15.97±1.36）×10^9 个/L。大鸨血液中红细胞数为（2.55±0.03）×10^{12} 个/L，高于丹顶鹤的（2.01±0.31）×10^{12} 个/L。大鸨白细胞与红细胞之比为 1∶200。测得大鸨血小板数为（4±2.8）×10^9 个/L，血小板压积为（0.001 3±0.000 8）%，平均血小板容积为（3.5±0.56）fL，血小板分布宽度为（14.5±1.5）%。

表 1-5　大鸨血液分析结果

项目	雌（95 只）	雄（95 只）	雄（96 只）	$\bar{X}\pm SD$	丹顶鹤
白细胞计数 WBC（×10^9个/L）	14.3	18.2	13.9	15.5±3.4	15.97±1.36
红细胞计数 RBC（×10^{12}个/L）	2.53	2.55	2.56	2.55±0.03	2.01±0.31
血红蛋白浓度 HGB（g/L）	196	185	203	194.6±12.7	114±5.6
红细胞压积 HCT（%）	0.445	0.436	0.454	0.445±0.013	0.464±0.06
平均红细胞体积 MCD（fL）	175.9	171.1	177.3	174.8±4.6	242.90±33.56
平均红细胞血红蛋白 MCH（pg/L）	77.5	72.5	79.3	76.4±4.9	59.17±5.58
平均红细胞血红蛋白浓度 MCHC（g/L）	440	424	447	437±16.5	247.4±25.1
红细胞分布宽度 RDW（%）	—	31.4	24	27.7±7.32	—
血小板计数 PLT（×10^9个/L）	4	6	2	4±2.8	—

（续）

项目	雌 （95 只）	雄 （95 只）	雄 （96 只）	$X \pm SD$	丹顶鹤
血小板压积 PCT（%）	0.001	0.002	0.001	0.001 3± 0.000 8	—
平均血小板体积 MPV（FL）	3.6	3.9	113.1	3.5±0.56	—
血小板分布宽度 DW（%）	14.6	15.5	13.4	14.5±1.5	—

注：$X \pm SD$ 为平均值±标准差。

第五节　野外种群及栖息地环境

一、种群分布

（一）指名亚种分布

大鸨的指名亚种分布于欧洲、北回归线以北的非洲，阿拉伯半岛中部和北部，以及喜马拉雅山与秦岭山脉以北的亚洲大陆。汪沐阳（2015）研究认为，大鸨指名亚种主要分布于欧洲和亚洲西部，如德国、波兰、匈牙利、印度、俄罗斯、中国等地。在我国部分地方为留鸟，但在新疆繁殖地的大部分种群为夏候鸟，越冬主要在一些南亚国家（郑作新，1987）。目前指名亚种分布区已发生很大变化，仅发现分布于我国新疆的准噶尔盆地东北部、塔城盆地的北部及伊犁谷地察布查尔。蒋劲松（2004）的研究表明，大鸨指名亚种夏季可见于伊犁、阿勒泰、昌吉、哈密，冬季仅见于伊犁。俄罗斯的图瓦（Tyva Republic）、蒙古国西部、中国新疆东部可能是指名亚种和东方亚种的分界线（郑作新，1987）。在我国，两个亚种的分布区域不重叠。

（二）东方亚种分布

东方亚种主要分布于俄罗斯东南，蒙古国草原，我国东北、华北及黄河和长江流域，在日本、韩国、朝鲜为偶见的迷鸟。繁殖地主要集中于蒙古国的库苏古尔省东部，蒙古国和俄罗斯交界的西伯利亚南部，以及我国东北部的草原存在部分繁殖种群（Kessler，2013）。曾经我国内蒙古、黑龙江、吉林、辽宁、河北、北京、天津、山西、陕西、甘肃、宁夏、江苏、安徽、山东、河南、江西、湖南、湖北、贵州等地均可见大鸨分布，最远可达江西鄱阳湖、湖南洞庭湖、贵州草海及甘肃河西走廊（高行宜等，2007）。宓春荣（2013）研究发现，20 世纪八九十年代部分有大鸨分布的地区，如江西的鄱阳湖和湖北、安徽的一些湖泊、滩地等已经至少 10 年没有大鸨的越冬记录了。

1. 繁殖期分布　万冬梅（2002）认为东方亚种主要在我国东北的中、西部及内蒙古的中、东部地区繁殖，包括大兴安岭东麓外围台地与松辽平原的过渡地带、内蒙古高原。分布的经纬度虽然跨度大，但繁殖地却不是连续的，大致可分为 4 个分散的繁殖区。

（1）松辽平原西北部繁殖区　全区为松嫩草原西北部与大兴安岭东南麓外围台地的过渡区域，由北至南为黑龙江的明水、林甸、齐齐哈尔，吉林省的镇赉、通榆，内蒙古的扎赉特旗（内蒙古图牧吉国家级自然保护区），科尔沁右翼前旗、中旗、后旗及扎鲁特旗，地跨二省一区。此区为大鸨东方亚种的传统繁殖区，也是最为重要的繁殖区。

（2）呼伦贝尔高原西南部繁殖区　包括新巴尔虎左旗与右旗。

（3）锡林郭勒高原中东部繁殖区　包括内蒙古锡林郭勒盟、赤峰市，以及河北省与之相邻的康保、沽源、围场 3 个县（市）的局部区域。

（4）乌兰察布高原繁殖区　繁殖区涉及内蒙古乌兰察布盟、巴彦淖尔盟、包头市及河北省毗邻的有限区域。该区是我国大鸨东方亚种繁殖最西端，历史上虽曾有繁殖记录，但数量一直不多。

2. 越冬期分布　李超（2021）研究大鸨东方亚种在中国的分布表明，东方亚种在越冬期分布于黑龙江的明水国家级自然保护区、辽宁的锦州市滨海新区小凌河口、吉林的莫莫格国家级自然保护区、内蒙古的辉河国家级自然保护区及图牧吉国家级自然保护区、甘肃的马岭镇和香泉镇、宁夏的银川市黄河沿岸、陕西的黄河湿地及渭河湿地、山西的定襄滹沱河流域、河南的新乡黄河湿地鸟类国家级自然保护区及黄河湿地国家级自然保护区、河北的沧州地区及白洋淀区域、北京的密云水库周边及野鸭湖、天津的青甸洼湿地、山东的黄河三角洲、安徽蚌埠市怀远县，涵盖14个省份。其中，高密度分布区主要为陕西、山西及河南三省交界处的黄河湿地和河南新乡黄河湿地鸟类国家级自然保护区，分布较为密集区域有河北沧州及内蒙古图牧吉镇周边地区，其余越冬地均为小种群越冬地，呈零散分布状态。

二、栖息地环境

（一）指名亚种的栖息地环境

高行宜（2007）研究表明，指名亚种的繁殖栖息地类型有两种，分别是草原和农田，包括弃耕地。大鸨尤其喜欢栖息在草原和荒漠草原中带有坡度或稍有起伏的地带。水浇地和喷灌地农作物茂密，食物丰富，便于藏匿和觅食，是大鸨的理想栖息地。无论冬季还是夏季，指明亚种的分布多与冬小麦田有关。冬季，在冬小麦田里活动和取食。夏季，多在冬小麦田里筑巢、产卵、孵化，有时也在棉花地或油料作物地里繁殖。草原生境中，羊草、针茅等为主要植物。

我国新疆塔城盆地是大鸨指名亚种的重要繁殖栖息地之一，位于新疆西北边境，为准噶尔西部山地之间的盆地。该区域属中温带干旱和半干旱气候，气候温和，降水较多。1月平均气温−13℃，7月平均气温22℃，年均气温6℃。年降水量约300mm（许可芬，1992）。新疆伊犁不仅是大鸨的繁殖区，也是固定的越冬区，是大鸨指名亚种在我国境内的唯一越冬区。该分布区位于我国新疆伊犁河谷西部、中天山和北天山之间，仅在西南方向与哈萨克斯坦有平坦的通道。因此，该处的大鸨种群常在中哈边境来回游荡。该处属于风口地带，冬季下雪少，无积雪，气温较高，冬麦苗也为大鸨提供了食物保障。大鸨冬季多栖息在海拔90～1 300m的地带。伊犁河边的草地为大鸨提供了活动场所和食物（蒋劲松，2004）。

（二）东方亚种栖息地环境

1. 繁殖栖息地环境　万冬梅（2002）详细报道了吉林省镇赉县北大岗台地草原区的气候条件和草原区大鸨栖息地植被情况。该繁殖地属温带大陆性季风气候区，四季分明。春季干旱少雨，季降水量占全年降水量的9.9%，天气回暖快，大风多；夏季炎热，雨量集中，阳光充足，季均气温21.9℃，季均降水量占年降水量的76.6%；秋季凉爽，季均气温4.8℃，昼夜温差大，季均最高气温与季均最低气温温差达12.4℃，降水锐减；冬季严寒，干燥少雪，季均气温-15.2℃。该地植物群落以小灌木山杏为建群种，散生在草原上，高35～70cm。山杏在群落中呈丛状分布，间距大小不等，水平结构表现明显的镶嵌性。草本植物则以线叶菊和贝加尔针茅为建群种和优势种，另外，还有羊草、隐子草、野古草等。内蒙古图牧吉国家级自然保护区作为大鸨的主要繁殖栖息地之一，气候及植被条件和上述地理位置类似。

2. 越冬栖息地环境　韩耀建（2011）以黄河湿地豫东段为研究区域，调查了越冬期大鸨生境。调查发现，越冬期栖息地植被主要为农作物和野生草本植物，也有少量灌木和栽培乔木。老滩区主要被栽培植物覆盖，夏季以小麦为主，秋季以豆类、玉米为主。野生草本植物多分布在田间地头，主要种类有狗尾草、狗牙根、马唐、刺儿菜等。二滩区和嫩滩区在汛季多被淹没，只在冬季及春季种植农作物，作物种类以小麦为主；汛期滩地多被漫淤，主要植物种类有芦苇、田菁、白茅、稗、两栖蓼等。朱龙飞（2018）在研究新乡黄河湿地大鸨的越冬生态中，发现大鸨觅食地多是无人干扰、食物丰富的农田区域或荒滩草地。

张希画（2022）在研究黄河三角洲大鸨越冬规律时，发现该处共有3处大鸨分布区域：明洲闸滩涂是当地大鸨最早利用的区域，其生境类型为近海滩涂，为大鸨在迁徙途中的停歇地，没有在此越冬；建林浮桥西侧的农田为大鸨稳定的越冬区域，位于黄河流域南岸，其生境类型为收割后的稻田地及麦地，2021年12月至2022

年3月大鸨在此越冬，种群数量18～43只；河口苇场为不稳定的越冬地，其生境类型为湿地，大鸨在其间的农田、麦地内觅食，2021年12月至2022年1月在此越冬，停留期约1个月，后期迁离至其他区域。

吴逸群（2017）于2013年1月至2015年2月对陕西省黄河湿地自然保护区内大鸨越冬生境进行了调查，通过实地观察64处大鸨栖息地生境发现，在所有调查实验样方内，68%位于麦田中，22%位于玉米地中，麦田和玉米地是大鸨在越冬区较倾向于选择的栖息生境。

三、种群数量

（一）世界大鸨种群数量

2024年1月，IUCN发布的最新统计数据表明，全世界大鸨数量为29 000～33 000只，其中指名亚种数量为28 000～30 000只，普通亚种（东方亚种）数量为1 300～2 200只（https：//www.iucnredlist.org/species/22691900/226280431）。

（二）中国大鸨种群数量

1. 指名亚种种群数量　高行宜（1994，2007）研究结果表明，在我国，指名亚种的种群数量为1 600～2 400只或2 000～3 000只。蒋劲松（2004）指出，我国夏季大鸨指名亚种的数量为1 060～1 200只，冬季的数量为80～85只。汪沐阳（2016）于2014年10月15—20日对塔城盆地指名亚种大鸨迁徙前期集群大小进行研究，调查期间共记录大鸨54群374只。新疆生态与地理研究所（2021）研究表明，指名亚种70%的种群分布于新疆塔额盆地，过去30年塔额盆地大鸨的种群数量下降了90%以上。

2. 东方亚种种群数量　蒋劲松（2004）指出，我国东方亚种夏季的数量为618～625只，冬季的数量为725只左右；田秀华（2006）指出，大鸨的东方亚种种群数量为1 000～1 200只。据2017年5月25日蒙古国环境旅游部举办的"亚洲大鸨保护国际研讨会"统计，中国大鸨东方亚种数量为855～900只。2019年，由阿拉善 SEE 生态协会（简称"阿拉善 SEE"）牵头的大鸨数量同步调查结果显示，数量达到 1 674 只，与中国生物多样性保护与绿色发展基金会（简称"绿发会"）在 2019 年调查的数据（1 635 只）非常接近。2003—2024 年，大鸨东方亚种在中国部分地区数量的汇总见表 1-6。

（1）内蒙古自治区 内蒙古是大鸨东方亚种重要的繁殖地、越冬地和迁徙停歇地。图牧吉国家级自然保护区被称为"大鸨之乡"，是大鸨东方亚种非常重要的繁殖栖息地之一。20 世纪 80 年代时，大鸨在图牧吉地区还是常见的鸟类，至 90 年代末时，图牧吉地区的大鸨数量下降至 50 只左右。2002 年图牧吉国家级自然保护区成立以后，大鸨种群数量逐渐恢复。周景英（2022）发现，大鸨种群数量从 2017 年的 193 只增加至 2020 年的 253 只。根据内蒙古图牧吉国家级自然保护区管理局 2024 年最新数据，在图牧吉保护区越冬的大鸨数量超 120 只，春秋两季在图牧吉保护区停留和繁殖的大鸨数量总和达 280 只以上。

内蒙古辉河自然保护区曾经也是大鸨的重要繁殖栖息地之一。2013 年，保护区发现大鸨数量达到 50 只左右，并发现大鸨最大的集群 21 只，是保护区成立以来的最大集群。2022 年 5 月在锡林郭勒草原发现 30 余只大鸨。2023 年 4 月，辉河保护区在鸟类例行监测中，发现 10 只大鸨。2023 年 9 月在呼伦湖西岸的草场上发现多只大鸨。

2018 年 11 月，扎鲁特旗森林公安局在道老杜苏木乡总计发现大鸨 102 只。2024 年 1 月，在上述同一地点，又发现 60 多只大鸨。2023 年 2 月，蒙格罕山自然保护区野生动物监测人员在巡护中发现成群野生大鸨。蒙格罕山自然保护区每年都能发现 1～2 只大鸨在这里觅食休憩，但十几只的种群还是首次见到。

据乌兰察布市林业和草原局数据，乌兰察布市岱海自然保护区于 2020—2024 年，连续 4 年监测到大鸨，其中 2022 年 10 月在保护区内发现了 25 只大鸨。2023 年春季又发现大鸨 40 多只，2024 年监测到国家一级重点保护动物大鸨、卷羽鹈鹕（*Pelecanus crispus*）、遗鸥（*Larus relictus*）3 种，共计 24 只。

表1-6 2003—2024年我国部分省（自治区、直辖市）大鸨东方亚种的数量（只）

年度	省（自治区、直辖市）												合计	数据说明
	内蒙古 BW	黑龙江 BT	吉林 BT	辽宁 TW	河北 BTW	天津 T	北京 T	山西 TW	陕西 W	宁夏 T	山东 TW	河南 TW		
2003	165	0	0	0	0	1	0	0	0	0	0	78	244	a
2004	165	0	0	0	0	0	0	0	0	0	0	0	165	a
2005	0	0	0	0	0	0	53	0	0	0	0	80	133	a
2006	0	0	99	0	27	0	11	0	258	0	41	7	443	a
2007	0	0	58	0	39	0	7	0	252	0	0	0	356	a
2008	9	0	0	0	140	0	1	0	293	0	0	72	515	a
2009	5	12	0	0	28	0	27	0	228	0	9	167	464	b
2010	48	0	0	0	48	70	21	0	306	0	0	217	722	b
2011	100	0	0	0	0	0	8	0	318	0	0	375	807	b
2012	48	0	6	0	37	74	1	0	484	0	0	55	699	b
2013	8	0	0	6	19	0	24	0	254	0	0	207	518	b
2014	4	0	7	50	41	0	0	0	305	0	3	200	610	b

（续）

年度	省（自治区、直辖市）												合计	数据说明
	内蒙古 BW	黑龙江 BT	吉林 BT	辽宁 TW	河北 BTW	天津 T	北京 T	山西 TW	陕西 W	宁夏 T	山东 TW	河南 TW		
2015	161	40	0	50	29	3	0	0	300	0	32	473	1 088	b
2016	84	0	0	50	0	0	1	0	0	0	0	120	255	b
2017	196	0	0	50	7	0	0	0	50	0	12	251	566	b
2018	232	0	5	51	0	3	2	0	29	0	0	264	586	b
2019	13	0	0	15	285	34	0	440	534	12	19	283	1 635	c
2020	0	0	0	55	292	9	4	509	443	14	0	329	1 655	c
2021	137	0	43	0	267	8	19	383	622	41	0	589	2 109	c
2022	49	0	0	0	43	15	22	1	301	33	12	554	1 030	d
2023	439	32	0	37	218	67	24	1	5	36	0	360	1 219	d
2024	70	23	20	119	284	0	13	216	109	80	47	195	1 176	b

注：B. 繁殖鸟；T. 旅鸟；W. 冬候鸟；a. 不完全统计；b. 文献及网上报道；c. 2019—2021 年"阿拉善 SEE"数据；d. 2022—2023 年"绿发会"数据；2024 年统计截至 6 月末。

据内蒙古自治区林业和草原局消息，在 2024 年 1 月 9 日开展的 2024 年度全国越冬水鸟同步监测工作中，总计发现大鸨 60 余只。

（2）黑龙江省　大鸨在黑龙江省主要分布在绥化市明水县的黑龙江明水国家级自然保护区。2015 年 2 月下旬，该保护区监测到两群大鸨，一群 12 只，一群 20 只，共计 32 只，这是该保护区近年来首次发现如此大的野生大鸨种群。截至 2015 年 5 月 19 日，明水县国家级自然保护区内，大鸨集群增至 3 个，数量达 40 只。2021 年 3 月，在大庆杜尔伯特对山分场附近发现两群大鸨，一群 8 只，一群 22 只，共计 30 只。2023 年 4 月，在大庆市林甸县广林苗圃附近的草原上发现 12 只大鸨。2023 年 6 月，在大庆市扎龙湿地多次发现大鸨集群，最多达到 20 只。

（3）吉林省　大鸨吉林省的分布区域处于图牧吉至北大岗繁殖地带，是大鸨东方亚种在我国的重要繁殖地之一。田秀华（2002）估计，在繁殖季节吉林省镇赉县建平乡北部、大岗林场、九龙山马场等地栖息着几十只大鸨。2021 年春节期间，在吉林省镇赉县莫莫格保护区发现雌性种群（53 只），在白城牧场发现雄性种群（29 只），总计 82 只大鸨，两个种群相互分离。在莫莫格保护区内，几乎每年都能见到越冬的大鸨，但 50 多只的大鸨群非常少见。

（4）辽宁省　近年来，辽宁锦州持续有大鸨越冬栖息的报道，余炼在 2014—2024 年观察到，在辽宁锦州滨海新区农田里越冬大鸨的种群数量稳定，维持在 50 只左右。2019 年冬季曾创最高纪录，观察到越冬大鸨 72 只。2023 年 1 月，余炼在锦州滨海新区的农田里又发现 30 只大鸨。2023 年 1 月，在辽宁朝阳市双塔区长宝营子乡大凌河段发现了 1 只大鸨。2013 年以前，野生大鸨曾连续出没在朝阳市白石湿地和燕山湖湿地，其中白石湿地曾一次性发现 6 只大鸨，但最近几年，大鸨在朝阳市一度销声匿迹。

（5）河北省　河北省不仅是大鸨迁徙的重要通道，还是大鸨重要的繁殖地与越冬地。每年 10 月初到翌年 4 月底，沧州地区的农田里会出现大鸨的身影。沧州师范学院孟德荣观察发现，每年大约有 350 只大鸨在沧州过冬。2020 年，河北衡水湖保护区观测记录到大鸨 1 只。2023—2024 年全国越冬水鸟同步调查中，河北衡水湖保护区又发现 5 只大鸨。2021 年 11 月 14 日，在雄安新区安新县农田里观测到了一群正在觅食的大鸨，数量多达 38 只。2023 年 10 月，雄安新区安新县自然资源局又发现多只大鸨，安新县连续 18 年监测到大鸨在白洋淀流域越冬。

（6）天津市　天津是大鸨迁徙的途经地，由于开垦农田和放牧，大鸨的栖息地被破坏，目前该区域已鲜少观测到大规模种群。2020 年 1 月，在蓟州青甸洼刚刚收割完毕的稻田发现 7 只大鸨。近年，青甸洼生态环境综合治理工程使当地环境进一步改善，为鸟类栖息、迁徙提供了良好的生存环境。

（7）北京市　北京是大鸨迁徙途经地，经常能观察到大鸨在此地短暂停留。2021 年 11 月，在北京通州区发现了 3 只大鸨。据了解，这是大鸨连续 6 年在通州被发现。2023 年 3 月 4 日，8 只大鸨出现在北京延庆野鸭湖湿地自然保护区。自 2005 年首次在野鸭湖湿地自然保护区监测到大鸨以来，几乎每年都会发现越冬的大鸨，最多监测到大鸨越冬群体数量达到 10 只。

（8）山西省　2019 年，"阿拉善 SEE"牵头的大鸨数量同步调查结果显示，山西是大鸨数量第二多的省份，总计 440 只。2021 年 1 月 6—10 日，山西省全国越冬鹤类同步调查工作中，在万荣、临猗、永济、芮城等县（市）沿黄河湿地和盐湖湿地，观测到 448 只大鸨。2024 年 1 月 6 日，山西省生物多样性保护中心与永济市林业局，对伍姓湖湿地和黄河湿地进行全国越冬水鸟同步调查，发现 149 只大鸨，在永济市韩阳段觅食。

（9）陕西省　陕西黄河湿地省级自然保护区是我国大鸨越冬的主要栖息地之一。吴逸群（2012）对陕西黄河湿地渭南的合阳、大荔、华阴及临渭区等大鸨的潜在分布区，进行访谈及样线调查，认为在陕西黄河湿地越冬的大鸨种群有 200～300 只。廖小青（2021）对陕西省大荔县赵渡镇鲁安村黄河滩涂进行鸟类调查，在 2016 年之前，大鸨越冬群体的数量为 60～90 只，从 2018 年起，越冬种群数量逐渐增加，最大数量是 273 只，越冬种群多由 4～5 个小群组成,群内成年雄性、雌性和亚成体的比例约为 1∶1∶3。2019 年由"阿拉善 SEE"牵头的大鸨数量同步调查结果显示,陕西是记录到大鸨数量最多的省份,总计 534 只。

(10)甘肃省　大鸨在甘肃省为旅鸟,数量调查数据少。2022年 3 月,在庆阳市镇原县屯字镇闫沟村境内,发现 1 只雌性大鸨。

(11)宁夏回族自治区　大鸨在宁夏为旅鸟,也有部分在此地越冬,但种群数量不多。2019 年由"阿拉善 SEE"牵头的大鸨数量同步调查结果显示,在宁夏黄河湿地发现 12 只大鸨。2020 年 10月,兴庆区自然资源局在黄河流域发现 2 只大鸨。2023 年 11 月,在宁夏吴忠市黄河湿地发现 11 只大鸨,是近年来在吴忠黄河湿地记录到大鸨种群数量最多的一次。

(12)山东省　2017 年 12 月,在山东黄河三角洲国家级自然保护区大汶流管理站黄河大坝北面的麦田地发现 12 只正在觅食的大鸨。据单凯(2020)不完全统计,2018—2020 年,在黄河三角洲均发现了大鸨越冬种群。2018 年 12 月发现 37 只;2019 年 2 月发现 42 只;2019 年 10 月发现 34 只;2020 年 2 月,在黄河南岸记录到 18 只,在黄河北岸记录到 29 只,总计 47 只大鸨。张希画(2022)在 2021 年 10 月下旬至 2022 年 4 月上旬开展的调查表明,黄河三角洲大鸨越冬种群为 43~48 只,越冬时间为 110d 左右。2024 年 2 月,山东滨州市野生动物调查团队在沾化区进行野外监测时,发现 36 只大鸨。

(13)河南省　河南省是大鸨迁徙的重要通道,也是大鸨的重要越冬地。朱龙飞(2018)统计了 2015 年 1 月至 2017 年 12 月河南新乡黄河湿地大鸨的越冬种群数量,平均每年约有 300 只大鸨在此越冬,越冬种群数量最多的一次是在 2015 年 12 月,观察到 352只大鸨。2017 年之后,每年发现的数量稳定在近 300 只。2020 年,在长垣黄河滩区先后发现 400 余只大鸨落足此处,最多约 350 只大鸨聚在一起觅食。2023 年 11 月,在鲁豫交界河南新乡长垣黄河滩区,先后发现 3 批总计 300 余只大鸨,最大的一群有 200 多只。

(14)安徽省　安徽栖息地碎片化严重,越冬的大鸨数量逐年下降，在大多数越冬地仅见小群活动，且遇见率低。近 10 年，很少有安徽省观察到大鸨的报道，类似的情况也发生在江苏、江西、湖北、湖南、福建等原来能见到大鸨的省份。2020 年 3 月，在安徽蚌埠怀远县发现 1 只大鸨，这标志着安徽淮河流域重新出现越冬大鸨（张建平，2020）。2024 年 1 月，安徽省林业局完成了全国越冬鹤类种群数量同步调查工作，并没有发现大鸨，这标志着安徽省已经连续 4 年没有发现大鸨。

四、种群迁徙

大鸨东方亚种除少数个体在繁殖地越冬，大部分为候鸟，每年按照一定的规律，沿着相对固定的路线，在繁殖地和越冬地之间进行长距离的往返移居。在中国，夏季大鸨主要在黑龙江、吉林、内蒙古、河北等地进行繁殖。冬季，大部分大鸨迁徙至陕西、河南、山东、山西、江苏、江西、湖北、湖南等省份越冬。迁徙季节，在辽宁的双台子河口，河北的北戴河、乐亭，宁夏的部分区域及甘肃东部和陕西北部可以见到大鸨（蒋劲松，2004）。

万冬梅（2002）研究发现，大鸨每年 3 月迁到繁殖地，最早可见于 2 月下旬，在黑龙江肇东林场最早记录为 1986 年 2 月 27 日，到达内蒙古兴安盟和呼伦贝尔盟等地略晚，为 3 月 14—15 日。最早迁来的往往是雄鸨，雌鸨一般晚一周到达。1999 年 3 月，在内蒙古图牧吉白音套海农田地看见一群 11 只的雄鸨（冯科民，1986）。10 月下旬大鸨陆续开始迁往越冬地，途中用时约 1 个月，大约 11 月末到达。多数迁徙路线途经哈尔滨、吉林四平、辽宁朝阳、河北省东部等地，南迁至华北平原、江苏、江西等地。大鸨迁徙种群在东北停留时间为 224～233d，不迁徙种群一年四季留在繁殖地，多为成年雄性大鸨。

马朝红（2008）统计了 1995—2008 年大鸨在河南黄河湿地国家级自然保护区孟津段的迁徙记录，印证了大鸨的迁徙习性。共记录到大鸨 57 次。秋季最早迁来的时间为 11 月 6 日。春季最晚迁离时间为 4 月 4 日。

近年，国内外开展了大鸨卫星定位跟踪研究。研究人员通过无线跟踪仪的数据，确定大鸨东方亚种的迁徙路线有两条，即西部迁徙路线和东部迁徙路线。

第一条迁徙路线——西部迁徙路线。Kessler E A（2013）于2007—2009年跟踪监测3只雌性大鸨发现，迁徙路线从蒙古国库苏古尔省（Khovsgol Aimag）经由布尔干省（Bulgan Aimag）的希什格温都尔县（Khishig Ondor sum）和库苏古尔省的塔里亚朗县（Tarialan sum），至中国内蒙古的鄂尔多斯和巴彦淖尔地区，最后到达中国陕西渭河和黄河交界处的湿地。

第二条迁徙路线——东部迁徙路线。Yingjun W（2022）在蒙古国东北部东方省（Dornod Aimag）的巴彦敦县（Bayandun）和达希巴勒巴尔县的乌格塔姆自然保护区通过卫星跟踪，研究了6只大鸨的迁徙情况，发现路线从蒙古国东北部东方省至中国内蒙古锡林郭勒及山西大同、河南新乡一带。迁徙路线见表1-7。

表1-7　乌格塔姆自然保护区6只大鸨迁徙的卫星跟踪数据

迁徙时间	迁徙路线	迁徙次数（次）					
		1号	2号	3号	4号	5号	6号
2018年至2020年秋	蒙古国东方省巴彦敦县—中国河南新乡	4					
2018年至2020年秋	蒙古国东方省巴彦敦县—中国内蒙古锡林郭勒		3.5		3.5		
2018年至2020年秋	蒙古国东方省巴彦敦县—中国山西大同			2			
2018年至2020年秋	蒙古国东方省乔巴山市—中国山西大同			2			
2018年秋	蒙古国东方省达希勒巴尔县—中国内蒙古锡林郭勒					2	
2019年秋	蒙古国东方省达希勒巴尔县—中国山西大同						2
	合计	4	3.5	4	3.5	2	2

注：迁徙次数计数方法为单程计1次。

2017年5月，内蒙古锡林郭勒盟阿巴嘎旗森林公安局为一只大鸨佩戴卫星定位器后放归野外。这只大鸨是沿着东部路线迁徙。2017年10月22日，在东经114°36′、北纬44°37′地理位置活动，此处位于蒙古国乔巴山附近。2017年11月20日，这只大鸨向中蒙边境一带靠近，2017年11月22日，飞到了我国锡林郭勒草原，栖息在正镶白旗与蒙古国阿巴嘎旗交界处，停歇十多天后，于12月上旬继续南迁至我国河北省石家庄越冬。

2020年1月，我国河北省沧州市救助的一只大鸨，佩戴了卫星定位器并放归，一路向南迁徙到了山东省境内。它的迁徙足迹最北到达蒙古国东方省东南部，靠近我国内蒙古东乌珠穆沁旗东北部，最南到达我国河南省郑州市，南北迁徙直线距离达1 468km。2020年春季，从我国山东迁徙回到了沧州，1个月后继续向北迁徙进入蒙古国。当年冬季，这只大鸨的轨迹向西偏移，到达我国张家口市蔚县。2021年，迁徙到蒙古国，同年冬天，飞回到我国河北保定等地越冬。2022年1月，大鸨再次来到我国河北沧州，停留1个月后，进入山东，20多天后，它又向北迁徙进入蒙古国。这只大鸨也是沿着东部路线迁徙。

第六节　食性分析

大鸨是杂食性鸟类，对食物的选择性反映出其对环境的适应性。大鸨肌胃内的角质层厚而坚硬，且多皱褶，盲肠发达，这些特征表现出对植食性消化的适应性。随着季节变化，大鸨的食性会发生显著变化。夏季昆虫多时，动物性食物的采食量增加，甚至会超过植物性食物。秋末以后，随着气温下降，昆虫逐渐消失，农田里收割后剩余的粮食和草原上成熟的牧草种子成为大鸨的主要食物，此时大鸨又转为以采食植物为主。

一、繁殖栖息地食性分析

1. 不同时期食物组成　万冬梅（2002）研究发现，内蒙古自治区科尔沁右翼前旗东南部的草原地带，不同的季节大鸨的食物组成有所不同，但以植物性食物为主。

（1）繁殖初期　即 3—4 月，大鸨以植物性食物为主，粪便中几乎全是枯萎的禾本科植物纤维和线叶菊根，夹杂着少量野生豆科植物的种子及黄豆粒等。在粪便中发现少量蝗虫、螽斯等直翅目昆虫的卵壳。冯科民（1984）在内蒙古草原解剖一只大鸨，发现其胃内食物中，羊草芽占 60%、苍耳籽占 35%、高粱籽占 1%，其余为沙砾。

（2）繁殖中期　即 5 月上旬，万冬梅（2002）通过解剖死亡大鸨的胃部发现，禾本科植物仍占绝大多数，包括它的嫩芽和枯纤维，另外还有少量百合类植物的球茎和某些拥有肥厚肉质茎的植物及豆科、苍耳等植物的种子。与繁殖初期最明显的不同是，食物中多了很多昆虫的外骨骼残片，多为鞘翅目昆虫的头、足、翅和昆虫卵块、茧壳、蛹皮等，说明动物性食物比例在上升。1985 年 5 月 5 日，田秀华（2001）解剖一只大鸨，发现胃中鸢尾花序占 30%、苜蓿花序占 40%，这两种植物顶端的嫩叶部分占 20%，鞘翅目昆虫残体不足 10%，余者为沙砾。5 月下旬，大鸨胃内 70% 为植物性食物，主要为禾本科、豆科植物的嫩叶、花序等，30% 为动物性食物，主要为鞘翅目、直翅目、鳞翅目昆虫成虫及幼虫。

（3）繁殖后期　即 6 月中旬以后，随着草原上昆虫数量和种类的增加，食物中昆虫的比例明显增大，粪便中昆虫的残肢日渐增多，多为鞘翅目、直翅目、膜翅目和鳞翅目昆虫，但此时黄花菜和禾本科、豆科植物的嫩叶、花序及山杏果实等植物性食物仍占相当大的比例。1984 年 5—6 月，李林观察发现，抚育幼雏的雌性大鸨较雄性大鸨捕食更多的昆虫（60%～70%），并且还采食部分蛙类（10%～15%），不同性别间表现出较大的食性差异。1959 年 6 月 20 日，程光潮等在内蒙古草原解剖了一只在孵化期死亡的雌性大鸨，发现胃内鞘翅目昆虫最多，也有鳞翅目幼虫及嫩草等。1995 年 6 月，田秀华在吉林白城北大岗剖检了一只 20 日龄的大鸨雏鸟，发现肌胃内几乎都是昆虫。1996 年 6 月，姚静在内蒙古兴安盟地区解剖了一只成年雌性大鸨，发现肌胃内有 75％的黄花菜、25％的蝗虫。

2. 动物性食物种类分析　刘刚（2021）利用 DNA 条形码分析了内蒙古图牧吉国家级自然保护区繁殖期大鸨的取食情况，发现动物性食物主要为鞘翅目、缨翅目和直翅目昆虫，其中，鞘翅目占比最高，达 44.83％。蛛形纲的寄螨目和蜘蛛目以及唇足纲的蜈蚣目，均有 1 种被大鸨取食。除节肢动物门外，环节动物门的寡毛纲也是大鸨的食物之一。科水平上，包括 11 个已知科和 8 个未知科，以金龟科占比最高（24.14％），其次为蝗科（13.79％）、芫菁科（10.34％）和蓟马科（6.89％）。有 3 个鉴定到种水平，分别是中华蚱蜢、亚洲小车蝗和一角甲（表 1-8）。

3. 植物性食物种类分析　刘刚（2017）通过粪便 DNA 分析大鸨食源植物的方法，研究了 76 种大鸨潜在的食源植物，见表 1-9。

表 1-8　内蒙古图牧吉国家级自然保护区繁殖期大鸨的动物性食物组成及取食频率

序列 ID	分类鉴定						一致性	取食频率	
	门	纲	目	科	属	种		靠山 (n=11)	马鞍 (n=13)
MAV01	节肢动物	蛛形纲	蜱螨目	蜱科	未知	未知	0.97	100.00	100.00
MAV02	节肢动物	昆虫纲	鞘翅目	金龟科	未知	未知	1.00	45.45	53.85
MAV03	节肢动物	昆虫纲	鞘翅目	金龟科	未知	未知	0.97	0.00	38.46
MAV04	节肢动物	昆虫纲	鞘翅目	金龟科	未知	未知	0.97	63.64	53.85
MAV05	节肢动物	昆虫纲	鞘翅目	金龟科	未知	未知	0.97	0.00	30.77
MAV06	节肢动物	昆虫纲	鞘翅目	金龟科	未知	未知	0.97	9.09	23.08

（续）

序列 ID	分类鉴定						一致性	取食频率	
	门	纲	目	科	属	种		靠山 (n＝11)	马鞍 (n＝13)
MAV07	节肢动物	昆虫纲	鞘翅目	金龟科	未知	未知	0.97	0.00	30.77
MAV08	节肢动物	昆虫纲	鞘翅目	金龟科	未知	未知	0.97	0.00	38.46
MAV09	节肢动物	昆虫纲	鞘翅目	鳃金龟科	未知	未知	1.00	9.09	23.08
MAV10	节肢动物	昆虫纲	鞘翅目	未知	未知	未知	0.97	0.00	30.77
MAV11	节肢动物	昆虫纲	鞘翅目	蚁形甲科	蚁形甲属	一角甲	1.00	45.45	0.00
MAV12	节肢动物	昆虫纲	鞘翅目	芫菁科	沟芫菁属	未知	0.98	100.00	100.00
MAV13	节肢动物	昆虫纲	鞘翅目	芫菁科	沟芫菁属	未知	0.98	54.55	38.46
MAV14	节肢动物	昆虫纲	鞘翅目	芫菁科	斑蝥属	未知	0.98	36.36	53.85
MAV15	节肢动物	未知	未知	未知	未知	未知	0.97	36.36	30.77
MAV16	节肢动物	未知	未知	未知	未知	未知	0.97	45.45	30.77
MAV17	环节动物	寡毛纲	未知	未知	未知	未知	0.86	36.36	61.54
MAV18	节肢动物	未知	未知	未知	未知	未知	0.98	27.27	23.08
MAV19	节肢动物	未知	未知	未知	未知	未知	0.97	36.36	69.23
MAV20	节肢动物	未知	未知	未知	未知	未知	0.97	0.00	30.77
MAV21	节肢动物	唇足纲	蜈蚣目	未知	未知	未知	0.97	0.00	46.15

（续）

| 序列 ID | 分类鉴定 | | | | | | 一致性 | 取食频率 | |
	门	纲	目	科	属	种		靠山 ($n=11$)	马鞍 ($n=13$)
MAV22	节肢 动物	昆虫纲	缨翅目	蓟马科	未知	未知	0.97	100.00	100.00
MAV23	节肢 动物	昆虫纲	缨翅目	蓟马科	未知	未知	0.97	36.36	30.77
MAV24	节肢 动物	蛛形纲	蜘蛛目	狼蛛 总科	未知	未知	0.97	18.18	30.77
MAV25	节肢 动物	昆虫纲	直翅目	蝗科	未知	未知	1.00	27.27	61.54
MAV26	节肢 动物	昆虫纲	直翅目	蝗科	剑角 蝗属	中华 蚱蜢	1.00	27.27	38.46
MAV27	节肢 动物	昆虫纲	直翅目	斑翅 蝗科	小车 蝗属	亚洲 小车蝗	1.00	36.36	30.77
MAV28	节肢 动物	昆虫纲	直翅目	蝗科	未知	未知	0.97	72.73	46.15
MAV29	节肢 动物	昆虫纲	直翅目	锥头 蝗科	负蝗属	未知	0.97	18.18	23.08

注：表中"一致性"代表该种食物的 DNA 条形码序列与数据库比对的序列相似度百分比，其中"1"表示完全相同。

表 1-9 大鸨野外生境潜在的食源植物

序号	中文名	拉丁文学名	序号	中文名	拉丁文学名
1	沙参	*Adenophora stricta*	7	荩草	*Arthraxon hispidus*
2	剪股颖	*Agrostis stolonifera*	8	毛秆野古草	*Arundinella hirta*
3	蒙古韭	*Alium mongolicum*	9	兴安天门冬	*Asparagus dauricus*
4	点地梅	*Androsace umbellata*	10	糙叶黄耆	*Astragalus scaberrimus*
5	知母	*Anemarrhena asphodeloides*	11	射干	*Belamcanda chinensis*
6	茵陈蒿	*Artemisia capillaris*	12	扁秆荆三棱	*Bolboschoenus planiculmis*

（续）

序号	中文名	拉丁文学名	序号	中文名	拉丁文学名
13	北柴胡	*Bupleurum chinense*	40	火绒草	*Leontopodium leontopodioides*
14	虎尾草	*Chloris virgata*	41	兴安胡枝子	*Lespedeza davurica*
15	丝路蓟	*Cirsium arvense*	42	羊草	*Leymus chinensis*
16	棉团铁线莲	*Clematis hexapetala*	43	星宿菜	*Lysimachia fortunei*
17	达乌里芯苞	*Cymbaria daurica*	44	弹刀子菜	*Mazus stachydifolius*
18	徐长卿	*Cynanchum paniculatum*	45	紫苜蓿	*Medicago sativa*
19	地梢瓜	*Cynanchum thesioides*	46	砂珍棘豆	*Oxytropis racemosa*
20	狗牙根	*Cynodon dactylon*	47	地锦	*Parthenocissus tricuspidata*
21	掌裂兰	*Dactylorhiza hatagirea*	48	芦苇	*Phragmites australis*
22	刺藜	*Dysphania aristata*	49	车前	*Plantago asiatica*
23	单鳞苞荸荠	*Eleocharis uniglumis*	50	西伯利远志	*Polygala sibirica*
24	羊茅	*Festuca ovina*	51	北千里光	*Senecio dubitabilis*
25	线叶菊	*Filifolium sibiricum*	52	西伯利亚蓼	*Polygonum sibiricum*
26	两歧飘拂草	*Fimbristylis dichotoma*	53	蕨麻	*Potentilla anserina*
27	蓬子菜	*Calium verum*	54	翻白草	*Potentilla discolor*
28	海乳草	*Claux maritima*	55	匍枝委陵菜	*Potentilla flagellaris*
29	大豆	*Glycine max*	56	莓叶委陵菜	*Potentilla fragarioides*
30	甘草	*Glycyrrhiza uralensis*	57	粉报春	*Primula farinosa*
31	草原石头花	*Gypsophila davurica*	58	山杏	*Prunus sibirica*
32	碱毛茛	*Halerpestes cymbalaria*	59	碱茅	*Puccinellia distans*
33	北芸香	*Haplophyllum dauricum*	60	早熟禾	*Poa annua*
34	紫大麦草	*Hordeum roshevitzii*	61	漏芦	*Rhaponticum uniflorum*
35	大苞鸢尾	*Iris bungei*	62	地榆	*Sanguisorba officinalis*
36	白花马蔺	*Iris lactea*	63	蓝盆花	*Scabiosa comosa*
37	野鸢尾	*Iris dichotoma*	64	黄芩	*Scutellaria baicalensis*
38	灯心草	*Juncus effusus*	65	金色狗尾草	*Setaria pumila*
39	大丁草	*Leibnitzia anandria*	66	黄花刺茄	*Solanum rostratum*

（续）

序号	中文名	拉丁文学名	序号	中文名	拉丁文学名
67	大油芒	*Spodiopogon sibiricus*	72	水麦冬	*Triglochin palustris*
68	狼毒	*Stellera chamaejasme*	73	女菀	*Turczaninovia fastigiata*
69	狼针草	*Stipa baicalensis*	74	绿豆	*Vigna radiata*
70	瓣蕊唐松草	*Thalictrum petaloideum*	75	苍耳	*Xanthium strumarium*
71	百蕊草	*Thesium chinense*	76	玉蜀黍	*Zea mays*

二、越冬栖息地食性分析

冬季迁徙的种群飞到农田觅食，食大豆（*Glycin max*）、绿豆（*Phaseolus radiatus*）和草地上的稗草（*Echinochloa crusgalli*）草籽、野燕麦（*Avena fatua*）籽等。部分不迁徙种群还食黄豆、绿豆的根、茎、叶、角、籽，高粱、玉米，以及部分植物的茎、根和树枝的嫩芽等。1996年2月，在白城北大岗解剖了一只成年的雄性大鸨，发现肌胃内有70%～80%野草的叶、根、茎，20%～30%的黄豆，还有4粒5mm大小的沙砾。大鸨迁徙到达越冬地后，仍以植物性食物为主，取食藜蒿（*Artemisia selengensis*）顶芽及一些杂草种子，还有部分玉米粒和麦苗以及少部分昆虫、小螺和小虾等（田秀华，2001）。

苏丽娟（2008）检测河南黄河湿地中牟段野生大鸨的粪便成分，并与鸡粪成分及麦苗营养成分作对比，分析了大鸨的消化能力，认为大鸨在黄河湿地越冬的主要食物为麦苗，偶尔会刨食撂荒地中残存的花生。大鸨粪便分析结果显示，粗蛋白为85.42%、粗灰分为25.56%、钙为3.30mg/kg、磷为0.47%。大鸨粪便中的脯氨酸和甘氨酸的含量比鸡粪中高。麦苗中多数氨基酸含量高于大鸨粪便中的，酪氨酸比值最高，是大鸨粪便的4.3倍。这表明在3月份时，大鸨主要食物麦苗中的钙磷含量不足，氨基酸供应不平衡。

吴逸群（2013）研究了陕西黄河湿地自然保护区内大鸨的粪便

组成，将大鸨粪便烘干后发现，成分可归类为 6 种，即豆苗
（0.47%）、玉米（2.86%）、豆瓣（4.05%）、麦粒（6.75%）、麦
苗（84.8%）及其他（1.07%）。以上数据充分说明了大鸨越冬期
间主要以麦苗为食，食物相对匮乏，未完全消化的麦苗纤维素占到
了粪便干重的 84.8%。越冬初期，由于食物相对匮乏，大鸨采食
大量麦苗以补充能量。越冬末期天气逐渐转暖，大鸨可选择的食物
种类逐渐增多，便不再集中采集麦苗为食。

第七节　野外大鸨的行为

　　根据大鸨行为目的和行为表现，将野外大鸨行为分成集群、
采食、运动等共计 9 类、18 种（表 1－10）。这些行为大多不是
单独发生，常以交叉形式出现。例如：大鸨集群行为伴随着采
食、炫耀行为；在觅食和孵化时，会出现警戒防御行为；鸣叫行
为多发生在求偶、育雏时。因此，行为研究方向不同，分类会有
所差别。本节对集群、鸣叫、繁殖等特殊或经常性发生的行为进
行详细的描述。

表 1－10　大鸨的行为分类

行为分类	行为名称	行为概述
迁徙	迁徙行为	在繁殖地和越冬地之间，按照一定的时间规律往返飞行的行为
社群	集群行为	相同或不同性别的大鸨，采食、休息、迁徙、繁殖时的聚集行为
采食	觅食行为	找寻食物、取食、用喙扒甩食物、饮水等，包括叼草、啄雪（站立或走动时，叼草、啄雪，或在草内乱叼）
运动	游走行为	包括平头行走、跑动、跳跃、飞行及对领域的巡行
休息	静栖行为	除头部和眼睛外，身体不动，包括静立（站立时缩头不动或站立时眼睛看四周）和趴卧（睡觉、打盹、孵化、采食，颈部自然地收缩进入羽毛内，包括雏鸟的蹲伏）

（续）

行为分类	行为名称	行为概述
警戒防御	警戒行为	站立、趴卧、行走时伸颈、四处张望的行为
	对抗恐吓	大鸨对侵犯自己占区的人类、兽类、低飞的鸟类摆出对抗和恐吓的姿势
身体调解	理羽行为	用喙啄理羽毛、蹠跖及爪，用爪搔抓头部及颈前部。伸展翅膀和腿部，展翅前行或奔跑，包括沙浴
	打蓬行为	身体强烈震动，羽毛随之炸开、抖动，可清洁体羽、解痒
声音	鸣叫行为	在行为动作过程中发出声音
繁殖	炫耀行为	雄性求偶炫耀和求偶舞蹈行为，包括雄性追逐雌鸨，准备交尾的行为过程
	领域行为	包括驱赶和叨啄等繁殖期的领域行为
	争偶格斗	为争夺配偶，相互叨啄的格斗行为
	交尾行为	雄鸨站在雌鸨背上，完成交尾动作的行为过程
	筑巢行为	雌鸨选择天然的凹窝，或用爪扒出一个凹处，作为产卵和孵化的巢
	产卵行为	雌鸨产卵及观察周围环境的行为过程
	孵化行为	雌鸨在巢区孵卵、翻卵、晾卵，观察周围环境，遇到危险时移动卵、防御等行为过程
	育雏行为	育雏及育雏时遇到危险时观察、警戒、护雏等行为过程

一、集群行为

大鸨集群行为主要目的是觅食、休息、迁徙、繁殖等。集群有助于避免被捕食，有利于获得食物，更好地利用资源，提高生存率、适应性和基因多样性。集群的大小与栖息地面积呈正相关，即面积越大，集群就越大。在欧洲，集群常达到几千只，但较稳定的较大种群数量为 100～200 只。

韩耀建（2011）研究发现，大鸨东方亚种在黄河湿地豫东段的越冬集群，以中小群为主。60 只以下的集群占总群数的 81.14%，30 只以下的集群占 37.74%。2009—2011 年，记录了 53 群次、共 2 026 只大鸨，平均每群个体数为（38.23±29.69）只，其中雄性个体数为（10.13±8.70）只，占比26.51%，不同月份大鸨集群的大小不同。张希画（2022）于2021年12月12日至2022年3月26日，研究了黄河三角洲建林浮桥西农田内大鸨的越冬集群，种群数量为18～43只，以18只、15只和9只的3个种群分散或集群活动，集群越冬时间为104～118d。不同月份的大鸨集群大小也不同。朱龙飞（2018）研究表明，河南新乡黄河湿地鸟类国家级自然保护区越冬地内，从繁殖地迁徙过来的大鸨，在12月上、中旬逐渐汇集成一个较大的群，3～5d的集群之后，分开活动。在翌年3月中旬、迁出保护区前，再次集群，迁徙至繁殖地。赵匠（2001）研究发现，迁徙至繁殖地的大鸨集群逐渐分解成小群，多3～5只一群，偶尔也能见到10～30只的大群。在繁殖交尾期，雌雄鸨在一起活动；进入产卵期和孵化期，雄鸨和雌鸨便分开活动；到7月中下旬，孵化期结束，雌雄鸨逐渐集群；10月下旬，离开繁殖地向越冬地迁徙，也有少数留在繁殖地越冬。

二、觅食行为

觅食行为是指大鸨的头部不停地转动，关注食物，低头用喙啄起食物吞咽，然后抬头，重复同样动作的过程。觅食行为包括低头行走寻找食物、捕食、准备啄取食物、用喙扒甩食物、摄食、吞咽食物及饮水，也包括站立或走动时叼草、啄雪或在草丛内乱叼。在集群觅食时，大鸨沿麦垄方向缓慢移动，个体分布较分散。少数成年雄性个体分布于集群外围，负责警戒，在觅食中不时直立抬头观察周围情况。担任警戒任务的个体，多不趴卧休息，保持头部直立。

大鸨的觅食行为随着环境条件、季节、个体发育阶段不同，以及突发情况的出现而发生变化，是对环境适应的一个重要表现。韩耀建（2011）研究表明，大鸨日觅食频次随着月份的变化而有一定的差异，觅食活动有早、晚两个高峰期。冬季和夏季的觅食时间差异极显著。人为活动等干扰会对大鸨取食行为造成严重影响。

视频 2　扫描二维码，观看野外大
鸨的取食行为视频（摄影：于卫军，
拍摄于内蒙古科尔沁右翼前旗草原）

三、警戒防御行为

警戒防御行为有两种表现形式：一种是大鸨时刻保持对环境和
其他生物的观察、戒备的常态警戒和防御状态；另一种是常态警戒
行为的升级，对抗和恐吓进入或靠近其领域的生物。

1. 警戒行为　大鸨曾是人类偏爱的捕猎对象，在漫长的被捕
杀与反捕杀的生存斗争中，逐渐形成了"神经质"的生物学特性，
对外界环境的变化异常敏感，易受惊，警戒性高。警戒行为的表现
是：突然停止原有行为，头转向声音发出的方向，站立不动或边走
边向一个方向观察；在休息、孵化、育雏等行为过程中，时刻保持
戒备，并谨慎观察周围环境的状态。

赵匠（2002）研究发现，当栖息地开阔无隐蔽物时，人类极难
接近大鸨。大鸨对人的戒备程度很高：当人距离大鸨 500m 左右
时，正在觅食的大鸨开始表现出警戒行为，慢慢远离，拉开距离；
当人靠近大鸨至 200m 左右时，大鸨立刻起飞。大鸨对牛、羊等草
原牲畜及牛车、驴车等很少有警惕性，可让其靠近至 10～20m。

2. 对抗恐吓行为　对抗恐吓行为多发生在繁殖期，驱逐和威
吓进入其领域、使其感到有威胁的动物或人类。有两种表现形式：
一种伴随着伸颈、仰头、挺胸，须状羽竖起突出，追着人或动物欲
叨啄，多发生在人工饲养条件下，雄鸨对进入圈舍的饲养员或靠近
展区的游客表现出一种对抗防御的行为；另一种是后颈和前胸贴

地，双翼半张，腕关节下垂，眼睛目视侵犯领地的目标。这是防御行为的升级，也是格斗行为的前奏，多发生在繁殖期争偶、抵御天敌和保护幼雏时。

视频 3　扫描二维码，观看人工饲养大鸨的对抗恐吓行为及叫声视频（拍摄于天津市动物园和长春市动植物公园）

四、鸣叫行为

成体大鸨在非繁殖季节很少发出声音，或是将叫声限制在观察者听不到的程度，如雌鸨与其子代间联系的叫声。在遇到天敌或受到惊吓时，大鸨会做出威胁动作，并发出"haha"的喘息声，以恐吓入侵者。在警戒时，大鸨会发出类似"欧哥夫（ogh）"的叫声。在兴奋或紧张时，也会发出同样的声音。雄性在求偶时，也会有鸣叫行为，但声音不明显。总体来说，大鸨属于鸣叫行为较少的一种鸟类。尤其雌鸨，几乎整年都不叫一声（张佰莲，2007）。大鸨大多数的叫声，夹杂着低沉的咕咕声和刺耳的摩擦声。

带绒毛的幼雏，喙微张开或闭喙，有规律地发出类似"叽叽"的叫声，包括啄壳、呼唤母鸨和警戒时，都会有鸣叫声，新生雏鸟乞食时会发出沙哑刺耳的摩擦音。年幼、易兴奋的雄鸨，有时在群内走动时会发出低沉的鼻音。雏鸟受惊时，未听见惊叫，只有被抓到手上时，才有尖利的惊叫（赵匠，2001）。

五、繁殖行为

野生状态下，大鸨繁殖年龄为雄性 5～6 岁，雌性 3～4 岁。每年4月初，雄鸨开始炫耀求偶，可能伴随领地行为和争偶格斗行为，然后交尾、产卵、孵化和育雏。繁殖季节雌性多于雄性，雌雄比例为1∶0.88（赵匠，2002）。但在求偶场，大鸨集群炫耀时，雄鸨一般多于雌鸨。

（一）炫耀行为

野外雄性大鸨通过炫耀行为吸引雌性的注意，炫耀初期，雄性大鸨会聚集在一起，胸对胸，头颈向背部折叠，须状羽竖起，尾羽抬起，露出白色的尾下覆羽。集群炫耀行为会伴随发生领域行为。

视频4 扫描二维码，观看野外大鸨的集群炫耀（炫耀初期）视频（摄影：于卫军，拍摄于内蒙古科尔沁右翼前旗草原）

野生大鸨和人工饲养的大鸨，炫耀时的外形变化相同，具体描述见本书第二章第二节。

视频5 扫描二维码，观看野生大鸨的炫耀行为视频（摄影：于卫军，拍摄于内蒙古科尔沁右翼前旗草原）

（二）领域行为

为了顺利地进行繁殖，动物在繁殖季节要占据一块地盘，即领域。动物领域行为是为了独享食物、繁殖地、交尾地点或其他类型的资源。在野外，雄鸨为了获得更多雌鸨的青睐，会争夺领域，出现驱赶叨啄行为，并表现出等级性。野外环境下，驱赶追逐并不像雉科鸟类那么强烈，社会等级高的雄鸨允许其他雄鸨在同一求偶场进行炫耀。但在人工饲养条件下，如果空间有限，社群地位高的雄鸨或雌鸨会一直追赶并叨啄地位低的雄鸨或雌鸨，直到被追赶叨啄的个体不再跑动或反抗。在反复驱赶和叨啄中，可能会导致大鸨应激或外伤死亡。

在繁殖期的不同阶段，大鸨的领域大小有一定差别。集体炫耀时，领域面积较大。交尾期过后，领域面积逐渐缩小。炫耀行为结束，领域行为基本消失。单独炫耀的雄鸨不存在领域。易国栋（2006）通过在内蒙古图牧吉国家级自然保护区实地观察发现，平时大鸨没有强烈的占区行为，只求偶炫耀时有一定的领域范围，领域面积为（943±419）m^2（$n=6$）。

（三）争偶格斗

大鸨存在社群等级，很少发生争偶格斗。一般在4月中下旬，只有当冲突升级时，才出现激烈的争偶格斗。格斗行为有三个阶段：试探阶段，两只雄鸨交颈搭肩，胸对胸，相互较劲，各不示弱；对抗阶段，后退数步，相对而立，突然引颈收回，下压，使后颈和前胸几乎贴地，耸肩，抖动全身羽毛使之膨大，双翼半张，腕关节下垂，初级飞羽冲上，尾羽翘起并在头后展成扇形，露出洁白的尾下覆羽，迈步向前，威吓；格斗阶段，两雄鸨相互逼近，到一定距离内伸颈啄对方，直到一方认输，胜利的雄鸨伸颈压头，趾高气扬（易国栋，2006）。

（四）交尾行为

在野外，大鸨的交尾行为一般发生在早晨和傍晚，傍晚的交尾行为大多发生在近黄昏时（赵匠，2002）。

（五）营巢行为

大鸨用爪将地面扒成一个凹的坑穴或选择自然洼坑当作巢，几乎不加任何修筑，一般无巢材，或只有几根草或羽毛，十分简陋。

巢呈浅碗状，巢内比较干燥，土质比较疏松。张宝亮（2012）在2010年和2011年研究了4个大鸨繁殖巢，发现巢深（2.88±0.10）cm，巢径长（31.90±0.48）cm×宽（28.63±0.79）cm。

野外大鸨营巢成功率很低。赵匠（2002）调查了21个大鸨的巢，发现多数巢被人为破坏或被大鸨遗弃，只有5个巢成功地完成了孵化，巢的损失率高达76.19%。

（六）产卵行为

万冬梅（2002）调查了野外大鸨的28个巢，其中14巢为2枚卵，12巢为3枚卵，2巢为5枚卵，平均每巢2.64枚卵。同一窝内产卵间隔一般为1～2d。第一窝卵遭破坏或因各种原因弃巢后，可产第二窝卵。

田秀华（2001）研究了45枚野外大鸨卵，发现卵呈椭圆形，大小头形状相似，颜色呈深灰绿色、浅灰绿色、浅棕色或深棕色4种颜色，且带有不规则的深褐色条状和大小不等的点状斑，平均卵重为（130.45±7.11）g，卵径为77.38mm×55.35mm。卵的大小与亲鸟年龄和个体差异有关，卵的颜色与生境有关。

（七）孵化行为

大鸨产卵1～2d后才开始孵卵，从第一枚卵或第二枚或最后一枚开始孵化，通常是非同时进行的。孵化完全由雌鸨承担。

雌鸨在孵化期非常警觉。取食时，常注视巢的方向，一有动静，就会远离巢去更远的地方。在孵卵期间，一些大鸨亲鸟会因受到干扰而弃巢，是一种自我保护行为，有利于逃离危险和开始下一次的繁殖。弃巢之后的大鸨亲鸟常常要另觅巢址，在时间允许的条件下重新孵卵育雏。弃巢多发生在孵卵前期，是繁殖成功率低的重要原因。孵化中后期，雌鸨恋巢性越来越强，不会轻易弃巢。孵化期的大鸨有注视、鸣叫、拍打翅膀等巢区防御行为。万冬梅（2002）在图牧吉马鞍山区域研究中，发现了大鸨移卵现象。

赵匠（2002）研究发现，野外大鸨一般在6月初出雏，最早出壳时间为6月8日，最晚为7月9日。赵匠调查了21窝共53枚卵，受精率为81.4%，孵化率仅为23.81%。其中窝卵数为5枚的巢中，仅有 2 枚受精卵。

在孵化期，雌性大鸨对靠近巢的雄性有攻击性。在被其他小动物或低飞鸟类惊吓时，大鸨迅速向后退，胸部下压，尾巴竖成扇状，翅膀张开。通常，大鸨躲避天敌的方式是伏地，但有人为干扰时，在很远的地方就起飞。孵卵的雌性大鸨通过卧在卵上来躲避入侵者，直到几乎被入侵者踩在背上时，才突然起飞。少数孵化期的大鸨，会以腹部贴地爬行，远离巢区静卧，直到危险过去再回到巢内（田秀华，2001）。

（八）育雏行为

每年 6 月，大鸨进入育雏期，在内蒙古图牧吉国家级自然保护区的马鞍山附近可见到大鸨带领雏鸟活动。此时，草原上的蒙古山杏逐渐枝繁叶茂，贝加尔针茅、狼毒大戟等已长高，非常有利于雌鸨及雏鸟的隐藏。大鸨雏鸟属于早成鸟，同窝的雏鸟出壳时间不同步。刚出雏的大鸨体质较弱，在几个小时内不能站立和行走。遇到危险时，能爬入草丛躲避。24h 左右可行走、离巢，缓慢跟随亲鸟进入草丛活动。雏鸟先是由雌鸨捕虫，或叼啄植物嫩芽等嘴对嘴喂。5～6 日龄就有沙浴行为，9～10 日龄开始学习捕昆虫和采食嫩草或花序等，10～15 日龄可跟随亲鸟自己觅食。幼雏在雨天或天敌来临时，会躲到雌鸨的羽翼下。

六、野外大鸨行为时间分配与日节律

（一）繁殖期

张宝亮（2012）研究表明，野外大鸨繁殖期不同行为的时间分配与日节律存在明显的差异。繁殖期雌性主要行为的时间分配比例：繁殖 40.35％、觅食 18.54％、静栖 14.54％、游走 11.78％；雄性主要行为的时间分配比例：觅食 29.97％、游走 22.25％、静栖 21.96％、繁殖行为 3.51％。两性警戒、理羽及其他行为较少。雌性在孵化期的行为日节律与繁殖前期明显不同，孵化成为雌性主要的行为节律，只是在 9：00—11：00 和 16：00 左右出现觅食、游走的小高峰，频率低，到孵化后期，雌鸨几乎全天都在孵卵。

（二）越冬期

2013 年 1 月 26 日至 2 月 3 日，刘方庆（2013）在陕西黄河湿地渭河、洛河、黄河交汇区对大鸨东方亚种的越冬行为进行观察，结果表明：大鸨越冬期日行为时间分配中，静立行为（32.75%）占比最大，其次是取食行为（27.55%）、游走行为（16.69%），观察（8.45%）和趴卧行为（7.49%）占比较少，空中运动（2.49%）、展翅（0.40%）、打斗（0.07%）、追逐（0.03%）、打蓬（0.02%）和其他（4.06%）行为占比很少。11：00—12：00 时，取食和游走行为占比最大。

第二章　人工饲养管理

第一节　日常饲养

一、笼舍结构及设施

人工饲养大鸨能否取得良好效果，与笼舍条件密切相关。模拟野外大鸨自然栖息环境，在地势高、排水顺畅、采光和通风良好、环境安静的地方建舍，尽可能不与其他动物舍相邻。

大鸨的饲养舍采用全封闭式设计，主体结构分为内舍和外舍两部分。内舍供1～2岁亚成体大鸨日常栖息及越冬，外舍用于成体大鸨日常活动。二者通过门窗相连接。内舍为钢筋混凝土结构，设有门窗。外舍周围罩网，外层钢丝网，内层尼龙软网，网眼大小为15mm×15mm 或 20mm×20mm；在外舍建遮阳棚，供大鸨遮阳挡雨；地面有土坡，播撒小麦或草籽，提供新鲜的嫩芽、嫩叶，并能滋生少量昆虫供大鸨捕食；同时分散栽植矮灌木，供大鸨遮阳和隐蔽；冬季，在外运动场铺垫草，及时清除垫草上的积雪，定期更换垫草；设置沙浴池，面积为5～10m²，满足大鸨沙浴行为和采食沙砾的需要。不同年龄段大鸨饲养笼舍面积见表 2-1（田秀华，2001）。

表 2-1　大鸨人工饲养笼舍的类型及面积（m²/只）

育雏室			饲养、繁殖笼舍	放养前笼舍
1～15 日龄	15～60 日龄	2～6 月龄	成龄	成龄
0.05～0.07	5～7	5～10	20～50	100～200

视频6　扫描二维码，观看人工饲养条件下雌性大鸨在矮树下休息、乘凉（拍摄于长春市动植物公园）

二、日粮与饲喂

（一）日粮种类

人工饲养条件下，尽可能地模拟野生大鸨的食物组成，为其提供种类多样、营养均衡的日粮，根据生理周期和气候等变化，调整饲料种类，适量添加维生素、微量元素等添加剂。尽量饲喂当季、当地新鲜的动物性和植物性饲料，不能饲喂腐败变质的饲料。

1. 植物日粮　植物性饲料为大鸨提供了大量的碳水化合物、维生素和蛋白质等营养物质。人工饲养条件下，植物性饲料占比可达70％～80％，主要是由白菜、胡萝卜等各种蔬菜和玉米面（窝头或颗粒料）混合制成的饲料。冬季时，大鸨采食量较夏季少，日粮中可加入玉米粒和大豆粒，分散撒在地面饲喂，增加大鸨采食活动量，促进食欲。虽然有些纤维素含量高的植物性饲料不易消化，但可以有效地刺激大鸨的肠壁，有助于肠管蠕动，促进排便成形。

2. 动物类日粮　野生大鸨通过捕食草地上的蝗虫、蜘蛛等昆虫来补充蛋白质和矿物质元素。在人工条件下，饲喂牛肉馅和熟鸡蛋、蝗虫等，补充动物性蛋白。如果不能提供活蝗虫饲料，可饲喂干蝗虫。面包虫不宜饲喂过量，以免钙磷比例失衡。

3. 添加剂类　日粮中钙粉、骨粉、羽毛粉、食盐、微量元素、维生素等添加剂量占总饲料量的5％～10％。

（二）饲喂管理

1. 日粮的加工和饲喂

（1）饲料加工　饲料要干净、卫生，动物性和植物性饲料合理搭配。适当加工混合后再投喂：蒸熟的窝头晾凉，掰成小块；青菜切成 2～3cm 的小段；胡萝卜切碎；熟鸡蛋捏碎；生牛肉切碎。

（2）饲喂方式　成年大鸨每日饲喂 2 次。每只大鸨的食盘不小于 15cm×30cm，不同舍间不混用食盘。饲喂前要清洗食盘和水盆。定期消毒饲喂用具。

（3）饲喂时间　每日 8：00—9：00 和 15：00—16：00，各饲喂 1 次，并做好日常饲养记录。

2. 饮水

成体大鸨饲喂生活饮用水即可，饮水应清洁、充足，经常更换。小于 10 日龄的雏鸟，胃肠道较脆弱，可饲喂凉开水，每日至少更换 3 次。可用不锈钢盆盛水，但雏鸟的饮水盆不宜过深，以免溺水。冬季，水盆易结冰，可准备多个水盆，替换给水。

3. 环境清理及消毒

日常清扫和常规消毒对大鸨的健康至关重要。每日，清扫大鸨采食和饮水等活动频繁的区域。每年，在非繁殖季节，至少进行 1 次彻底清扫和消毒，并清除地面旧垫草、砖石等杂物。如果大鸨在内舍饲养，每日清扫地面，定期消毒，经常开窗通风，保证空气流通。卫生及消毒工作需安静、快速地完成，一般由饲养员单独操作，或与一名经验丰富的兽医配合完成。

三、保定及运输

1. 保定

大鸨生性机警胆小，尤其是成年雄鸨，捕捉时会剧烈地挣扎。保定和运输过程中需密切观察大鸨的精神状态，以免出现应激伤亡。

操作人员手持扫把或抄网扣住大鸨并迅速保定，见图 2-1。一种保定方法是操作人员半蹲，一只手抓住大鸨颈部（不要抓握过紧），另一只手抓住其翅膀，将大鸨的头从人的双腿间塞过去，用两膝固定住大鸨肩部，双手稍用力按住大鸨。另一种方法是抓住大鸨的翅膀并收拢，将头朝向捕捉人背部，收拢并抓住大鸨的腿部，侧抱在腋下。如果将大鸨头部朝前，要用一只手抓住大鸨的喙，防止被啄伤（图2-2）。

图2-1 用抄网保定大鸨 摄影：许波（天津市动物园）

图2-2 单手保定大鸨

2. 运输 长途运输前，准备好应急工具、食物和饮水用具、饲料、急救药品等。采用单只、单箱运输，能够有效地将大鸨与外界隔离，减少不利因素对大鸨的刺激。用钢筋或钢管焊制运输箱的框架，底部放木板并固定，木板上面放垫草。其他各面覆盖双层遮阳网，并扎牢，透气并防止大鸨撞伤。雄鸨运输箱长600mm×宽

300mm×高 600mm，雌鸨运输箱长 600mm×宽 250mm×高 450mm。装卸大鸨时，笼箱要平稳，切勿倒置。汽运时，严格控制车速，避免急刹车和急转弯。笼箱之间保持适当的距离，利于箱内空气流通。

短途运输可用纸箱装大鸨，箱体四周留通气孔；或使用编织袋运输大鸨。剪去编织袋的一角，收拢大鸨的腿部，向前弯曲跗跖部位，紧贴腹部，装进编织袋，头和颈从剪口伸出，全身用编织袋围住，并用胶带裹紧，尽快运到目的地。

捕捉、保定及运输等操作，会使大鸨产生应激反应。操作完成后，需要加强观察，保持环境安静，为大鸨提供充足的饮水和合适的食物，使其尽快恢复。

第二节　繁殖期管理

一、性成熟年龄

人工饲养条件下，雌性大鸨的性成熟年龄约为 3 岁，雄性约为 5 岁。繁殖期以一雄多雌为主，雌雄配对比例为（2～3）：1 或（7～8）：1（田秀华，2001）。

二、巢址选择

大鸨喜欢在草茂密的地方筑巢，这样不仅巢址隐蔽，且更容易获得充足的食物（张貌，2016）。人工饲养条件下，在舍内建土坡、栽植灌木、铺放垫草是非常必要的，利于大鸨筑巢、繁殖。人工饲养的大鸨在地面筑巢，一般在阳光充足的斜坡处，巢呈浅盘状，几乎没有任何巢材，偶尔有少许羽毛或干草。也有大鸨直接利用斜坡上自然的坑窝做巢，或不筑巢，直接在运动场地面产卵。

三、发情炫耀

大鸨的炫耀行为在每年的 4 月份就已经开始，有些个体会持续到 5、6 月份，多发生在早晨或傍晚（田秀华，2001）。杨锴斌（2018）报道雄鸨在发情期的炫耀行为具有一定的节律性，每日炫耀行为的高发期为 4：00—7：00 和 18：00—19：00。夜间炫耀行为发生的频次明显低于白天，清晨的 3：00—4：00 炫耀行为发生频次逐渐上升，5：00 达到峰值，紧接着炫耀行为发生的频次逐渐下降；雄鸨的求偶炫耀在 19：00 达到当日的第 2 次高峰。研究发现，大鸨交尾前存在复杂的炫耀过程，以雄鸨炫耀为主，雌鸨是被动的。雌鸨兴奋达到高潮时，体羽和体姿会发生一定的变化，但这个变化与雄鸨相比要简单得多，时间也较短。雄鸨求偶炫耀时，体羽和体形姿态主要有以下 2 种类型。

炫耀 I 型：为炫耀初始阶段的行为，此时雄鸨尾羽向上抬起，并有向背部折叠的趋势，从而露出白色的尾下覆羽，从后面看呈扇形，整个身体从侧面观为 U 形。不断地踱步行走，同时四处张望，寻找雌鸨。雄鸨身上白羽毛越多、越白，越受雌鸨青睐，在争夺配偶的竞争中就越占有优势。

炫耀 II 型：此行为是吸引雌鸨的主要阶段，关系到能否使雌鸨兴奋，从而达到交尾目的。此阶段雄鸨表现兴奋，颏、颈部绒羽几乎平直伸张，颏下被竖起的须状羽分为左、右两条，向斜上方翘起，呈 V 形，几乎遮挡双眼，并裸露出颈部的蓝灰色皮肤，颈部膨胀，下喉部舒散如丝的橙栗色繁殖羽也张开，围绕颈部形成带状斑。将头向后仰，缩向背部，尾部进一步向前倾斜，几乎触及头部，双翅向体后下方伸展，腕关节几乎拖至地面，大而白的飞羽内侧翻转紧贴身体两侧，而肩羽、大、中、小覆羽及三级飞羽前翻并张开，双翅耸立。从前面看多为淡棕色夹黑色斑纹。后面较远观看时，很像大山羊托着一个白色袋子，颇为绚丽耀眼。保持这种姿势的同时，有时双脚有力地走碎步，有时走起路来摇摇晃晃并左右摆动身体。雄鸨以此动作向雌鸨展示其羽毛的华丽、舞姿的优美和身体的强壮，以此来吸引雌鸨的注意，以便获得更多的配偶。

视频 7 扫描二维码，观看
人工饲养条件下大鸨的炫耀行为
视频（拍摄于长春市动植物公园）

雄鸨求偶炫耀行为具有一定的方向性和规律性（杨锴斌，2018）。如图 2-3（杨锴斌，2018）所示，将求偶炫耀行为按照炫耀对象的不同分为一对一炫耀和一对多炫耀，其中一对一炫耀又分为原地型和游走型。一对一炫耀指雄鸨对一只雌鸨炫耀，原地型和游走型分别指雄鸨在炫耀过程中静站不动和追逐雌性游走炫耀。一对多炫耀指雄鸨对多只雌鸨同时进行求偶炫耀。

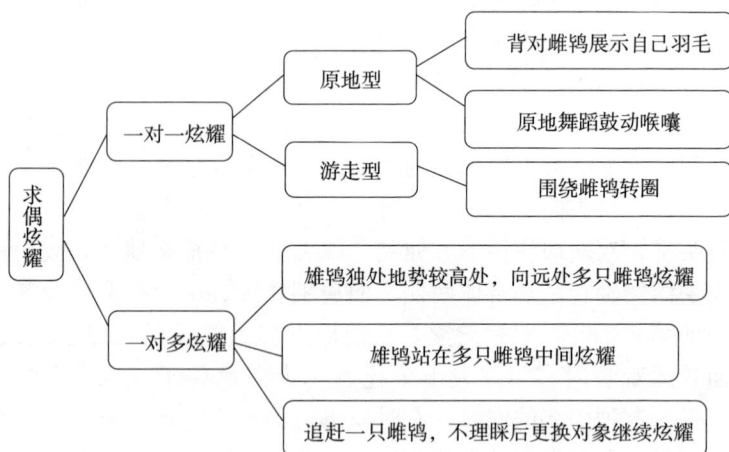

图 2-3 雄鸨求偶炫耀模式分解

雄鸨游走炫耀时根据其方向和方式的不同可以分为 A、B、C、D 4 种类型，见图 2-4（杨锴斌，2018）。其中：A 类为闭合式曲线，表现为雄性大鸨保持炫耀姿势，单独或围绕雌性大鸨进行闭合式曲线的游走；B类为不规则闭合曲线，表现为雄性大鸨保持炫耀姿势，单独或者围绕雌鸨进行该种曲线的游走行为；C类为螺旋式曲线，表现为雄性大鸨保持炫耀姿势，单独或者围绕雌鸨进行该种有规则的螺旋式游走；D类为更换对象式路线，表现为雄鸨保持炫耀姿势，围绕某只雌鸨游走炫耀，没有获得这只雌鸨青睐时，改为对另一只雌鸨炫耀的游走方式（杨锴斌，2018）。

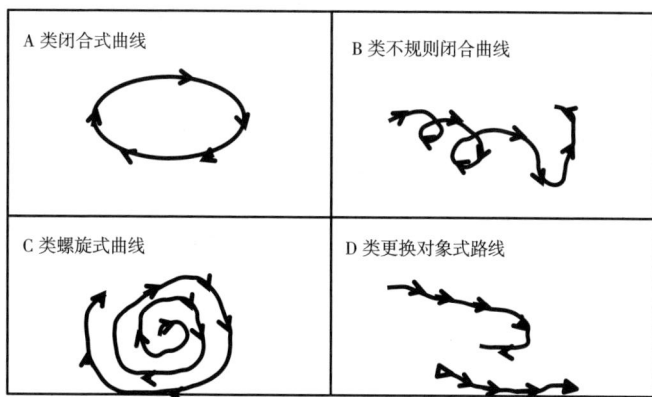

图 2-4　发情期雄鸨求偶炫耀游走类型

四、交尾

在雄鸨炫耀时，发情的雌鸨便会表现出极大的兴趣。有时雌鸨会积极地用喙叼啄雄鸨身上的白色羽毛，尤其是肛门处的白色羽毛，雄鸨则更大限度地翻转身体，尽力地绕着雌鸨舞蹈。雌鸨对其舞蹈感兴趣时，兴奋地蹲下又站起，头颈快速地上下伸缩，表现出与雄鸨共舞的愿望。有时雌鸨会转身走开，引诱雄鸨追赶，雄鸨拍翅、伸展，兴奋地追逐雌鸨，并倒转腕关节于雌鸨背上，引导其蹲下。当雌鸨蹲在地上时，雄鸨则从侧面跨到雌鸨背上，回收部分气囊，将双翅完全展开，保持身体平衡，并反复用喙啄扯雌鸨头上的羽毛，使雌鸨站起，并抬起尾部，雄鸨身体贴近雌鸨，尾部压向雌鸨尾部完成交尾动作。交尾行为时间只有数十秒，交尾结束后，雌雄鸨立即跳开，煽动双翅，抖动身体，各自梳理羽毛（田秀华，2001）。

五、产卵

1. 时间　人工饲养条件下，在4月下旬至6月产卵。同一只雌鸨，每年产卵时间和产卵数量基本固定。大鸨进入繁殖期后，除必要的饲养管理，避免人为干扰。

2. 产卵过程　雌鸨产卵前，走动不安，脱离鸨群，独自产卵。两眼注视前方，两腿蹲跖轻微向前伏卧，30～60s迅速产完卵。

3. 窝卵数　人工饲养条件下，大鸨有补卵的习性。每年可产1～3窝，每窝卵2～4枚。窝与窝之间的间隔长则10～18d，短则5～8d。一般卵重98～110g，比野生卵轻。卵的颜色与野生大鸨卵相同，见彩图13和彩图15。

六、孵化

1. 自然孵化　人工饲养条件下，雌鸨的坐巢与离巢按一定的规律交替进行。卢小琴（2011）通过观察长春市动植物公园雌鸨孵化活动发现，从6：00到17：00共计11h，雌鸨多在巢中孵卵，出巢觅食2～5次，上午和下午各有1次长时间的取食活动，时间为30～40min。随着孵化天数的增加，大鸨出巢时间越来越少，恋巢性越来越强。不同天气状况对大鸨孵化期行为具有一定的影响。孵化期间，雌鸨采食量少，在阴雨天很少采食或不采食。孵化后期，若天气晴朗，雌鸨有晾卵的习性，晾卵是雌鸨离巢到遮阳处休息，或到外边采食和饮水（田秀华2001）。晴天时，雌鸨的晾卵、护卵行为和晾卵时间要多于阴雨天，而孵化行为少于阴雨天。鸟类对温度的变化较为敏感，温度上升时，胚胎的自身代谢加快，因此需要更长时间的晾卵（张藐，2016）。

自然孵化时要注意防范鼠、猫、黄鼠狼等天敌。若孵出多只雏鸟，一般只留一只由亲鸟育雏，其他人工育雏。亲鸟的日粮要充足、营养丰富并适合雏鸟采食，提供适量沙砾。若雌鸨弃雏，应及时进行人工育雏。

2. 人工孵化 野外救护的卵若未开始孵化，理想储存温度 $16±5℃$，相对湿度 $65\%～70\%$，储存时间不超过 $7d$。若短时间内运输卵，常温条件即可。已经开始孵化的卵，放入手提式孵化器或人工保温箱，用脱脂棉或泡沫板固定卵，温度 $36.8～37.8℃$，相对湿度 $50\%～60\%$，每 $2h$ 翻卵 1 次，在 $12h$ 内将卵送到孵化室孵化。

人工饲养的大鸨产卵后，若没有孵化行为，及时进行人工孵化。

（1）孵化温度和湿度 孵化分为前期（第 $1～11$ 天）、中期（第 $12～17$ 天，胚胎形成，开始活动）和后期（第 17 天以后）。孵化温度 $36.8～37.8℃$，湿度 $50\%～60\%$。孵化期间每 $2h$ 翻 1 次卵。每天将卵移出孵化器晾卵。孵化前期晾卵 $5～7min$，中期 $7～10min$，后期晾卵时间延长至 $10～20min$。

（2）受精卵的确定 大鸨卵壳的颜色随着孵化时间的增长，而逐渐变暗。孵化后期，卵壳上褐色的斑点变成棕黑色的斑块。卵壳厚度为 $390\mu m$，不透明，用照卵器看不到胚胎发育情况。孵化中期，可将卵放在玻璃板或其他平稳的平面上观察卵动情况。受精卵有晃动或摆动，幅度大，频率快，表明胚胎发育良好。若孵化后期卵动频率越来越慢，最后停止活动，表明胚胎可能在孵化后期死亡。需要注意的是，胚胎进入气室前的 $24h$ 左右，活动较弱或不活动。无精卵在孵化过程中，卵壳表面有时会出现泡沫样液体渗出物，或伴有臭味。

（3）卵的失重及失重率 自孵化第 1 天到出雏前，大鸨卵重呈规律性减少，每枚卵减重均有不同，总失重为 $(18.37±0.646)$ g，失重率为 $(13.6±1.02)\%$，日失重为 $(0.748±0.071)$ g，日失重率为 $(0.578±0.074)\%$（田秀华，2001）。

（4）孵化期 田秀华（2001）对 26 枚受精卵进行跟踪试验，

分为全部人工孵化、人工孵化和亲鸟孵化相结合，以及亲鸟自身孵化 3 种孵化方式，得出大鸨的孵化期为 21～28d，平均孵化期为 24.35d，孵化期最长为 28d，最短为 21d。

七、出雏

雏鸟头部进入气室时，能听见低沉的"叽叽"叫声。此时停止翻卵，移入出雏箱。出雏箱温度为 36～36.5℃，湿度为 55%～60%。随着时间的延长，雏鸟叫声由弱变强，叫声响亮，啄壳有力且有节奏，这说明胚胎发育良好。破壳的雏鸟通常在 24h 左右完全出壳。正常的啄壳位置在卵的钝端，靠近气室的下缘，啄壳处呈不规则形裂纹，即 40mm×60mm 小洞。雏鸟啄壳 1～2 次后，停止啄壳，在出壳前 30～50min，会集中力量沿着逆时针方向有规律地持续啄壳，最后用力挣脱出壳。从鸨啄壳到出雏，最长时间 29.75h，最短 6h，平均时长为 16.8h。

出壳过程中，雏鸟叫声或啄壳声由强变弱，表明胚胎较弱。超过 24h，出雏仍无明显进展，则考虑人工协助。沿着雏鸟啄开的裂纹和气室下缘，逆时针轻轻地去掉一部分卵壳和气室处的壳膜，露出雏鸟的喙，以免窒息。用温水打湿气室处壳膜，避免束缚大鸨，影响出雏。注意观察，胚胎若发育良好，基本可以自行出壳。若长时间进展不明显，去掉气室处全部的卵壳和壳膜。刚出壳的雏鸟体质较弱，不能站立。

八、人工育雏

大鸨育雏应严谨而细致，主要从饲养环境、温度、日粮种类、饲料量及运动量等方面开展。

1. 环境和温度　在育雏箱里垫放干草或细沙，育雏初始温度为 36℃，此后每天降 1℃，12 日龄后，温度保持在 24～28℃。5 日龄后，白天室外温度高于 25℃时，将雏鸟移到室外饲养。当地面温度低时，雏鸟放在纸壳箱内活动，箱底垫放草或沙子；当地面温度高于 28℃时，雏鸟放在有沙地的室外运动场活动。虽然大鸨喜欢高温的生活环境，但室外温度高于 35℃时，需要提供遮阳设施。大鸨在室外的活动时间，根据温度情况调节。夜间，雏鸟在育雏箱内饲养，温度 24～28℃，并防止老鼠、黄鼠狼等天敌咬伤。若用温控灯取暖，应避免影响大鸨夜间休息。2 月龄时，雏鸟移入露天笼网内饲养。

2. 雏鸟日粮及饲喂 日粮中粗蛋白的含量为 10％～13％，脂肪含量维持在 1％～3％，钙、磷分别为 0.8％～1％和 0.4％～0.5％，粗纤维为 1％～2％（田秀华，2001）。初生雏鸟饲喂面包虫、牛肉、鱼肉（泥鳅鱼去头）或蝗虫，3 日龄后，将面包虫、牛肉末、鱼肉末、熟鸡蛋与谷物饲料等混合，用少量水揉成团引导雏鸟自行采食。雏鸟不同时期的饲料组成及营养成分见表 2-2（田秀华，2001）。饲料种类需多样化，随着日龄增长，增加胡萝卜、大葱及黄豆等饲料。

大鸨雏鸟在出雏24h 后开食。吞咽能力较鹤类强，喜欢人工引诱吃食。育雏初期，分多次饲喂，随着日龄增长，减少饲喂次数，增加饲喂量。2～20 日龄，每日喂 5 次。21～70 日龄，每日喂 4 次。71～100 日龄，每日喂 3 次。100 日龄后，每日喂 2 次即可。3 日龄开始，可以提供沙砾（直径为 1～2mm 粗沙砾）供雏鸟采食，以保证胃石的来源。

视频 8　扫描二维码，观看人工饲养条件下，引诱雏鸟（2 日龄）采食视频（拍摄于长春市动植物公园）

表 2-2 大鸨雏鸟不同时期的饲料组成及营养成分（每天每只）

| 日龄 | 饲料组成（g） | | | | | | | | 营养成分 | | | | | |
	牛肉	圆白菜	鸡蛋	混合饲料	黄豆	葱	胡萝卜	进食量	粗纤维(g)	蛋白质(g)	脂肪(g)	钙(mg)	磷(mg)	总能量(kJ)
5	7	5		5				17	0.21	2.3	0.3	118	62.1	96
7	12	5		5				22	0.23	3.2	0.5	119.1	72.3	122.9
10	21	20		18				59	0.82	7.3	0.8	428.8	217.1	332.8
20	30	56	10	44				140	2.07	15	2.3	1 053.7	504.5	772
30	30	50	15	58				153	2.2	18.9	3.6	1 369	645	965
40	30	56	17	59				162	2.24	19.4	3.9	1 395	659	995
50	30	87	17	70				204	2.66	21.9	4.5	1 659	770	1 155
60	30	104	25	145				304	5.51	36.4	5.6	3 412	1 502	2 091
70	30	104	25	188				347	7.14	43.9	5.6	4 377	1 908	2 590
80	30	82	25	209				346	7.94	47.2	5.2	4 896	2 109	2811
90	30	82	25	209				346	7.94	47.2	5.2	4 896	2 109	2 811
100	30	96	25	192				343	7.3	44.4	5.5	4 504	1 950	2 628
110	30	170	25	170				395	7.66	39.5	3.9	4 043	1 753	2 429
120	30	170	25	130	15			370	7.5	37.8	6.8	3 137	1 447	1 964
130	41	111	25	97	11	11	11	307	5.69	32.8	6.4	2 350	1 132	1 605
140	30	131	25		11	11	11	349	6.44	32.7	4	3 132	1 381	2 005
150	30	114	25	136	11	14	21	351	6.86	36.4	5.4	3 249	1 472	2 195
160	30	143	25	117	14	14	14	357	7.01	36.3	6.9	2 817	1 331	2172

注：混合饲料由玉米面、豆饼、麸皮、鱼粉、酵母、贝壳粉、骨粉、苜蓿粉、赖氨酸、食盐等组成。

3. 雏鸟生长发育

大鸨雏鸟在 10 日龄开始生长初级飞羽和尾羽，20～30 日龄出现对抗恐吓行为，30～35 日龄练习飞行，50～60 日龄体羽接近成鸟，80～90 日龄体形接近成鸟。

（1）体重变化　雏鸟出雏时平均体重（86.3±3.65）g。出壳后，体重连续 3d 保持下降，第 3 天达最低值，日均减重 5～9g，4 日龄后开始快速增长（田秀华，2001）。田秀华（2001）对 21 只（8 雄，13 雌）无创伤、未曾患病雏鸟进行跟踪称重，到 120 日龄时，雌性比雄性小近 46%。2～120 日龄（1～14 周），大鸨的体重呈显著增长趋势，见图 2-5。14 周后，生长趋势变缓。雌雄鸨1～14 周体重日均增长量见表 2-3。第 1 周因雏鸟的生长发育机制刚开始，所以日均增重偏低。雄性雏鸟除在第 5、7 周日均增重低于雌性雏鸟外，其余各周日均增长量均高于雌鸨；两性日均体重增长较接近的周数为第 1、2、3、4、5、9、11 周，多集中在前半期；而雄性日均增重明显高于雌鸨的周数为第 6、8、10、12、13、14 周，多集中在后半期，见图 2-6。

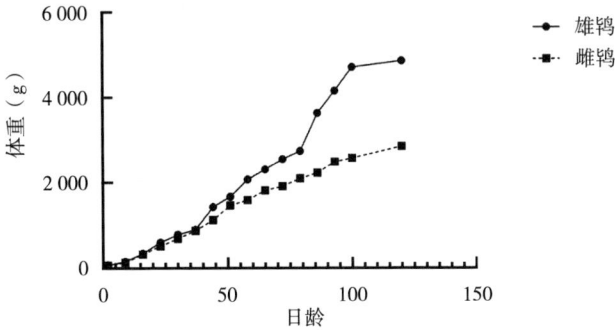

图 2-5　2～120 日龄雌雄大鸨体重生长发育曲线

表 2-3　大鸨雏鸟 1～14 周体重日均增长量（g）

周次	1	2	3	4	5	6	7	8	9	10	11	12	13	14	1～14
雄鸨	11	27	36	26	16	75	34	57	34	35	28	126	75	78	48
雌鸨	9	27	27	24	26	36	48	17	35	13	26	19	37	13	26

注：从第 2 日龄算起，即 2～9 日龄为第 1 周，10～16 日龄为第 2 周，以此类推。

（2）体尺测量　田秀华（2001）测量了 21 只雏鸟的体尺，雄性和雌性的测量数据分别见表 2-4 和表 2-5。体长：雄鸨 2～11 周保持较匀速增长，12～14 周增长变缓；雌鸨 1～2 周生长较慢，3～10 周增长较快，14 周后生长逐渐停滞。翅长：雌雄鸨均在 2～

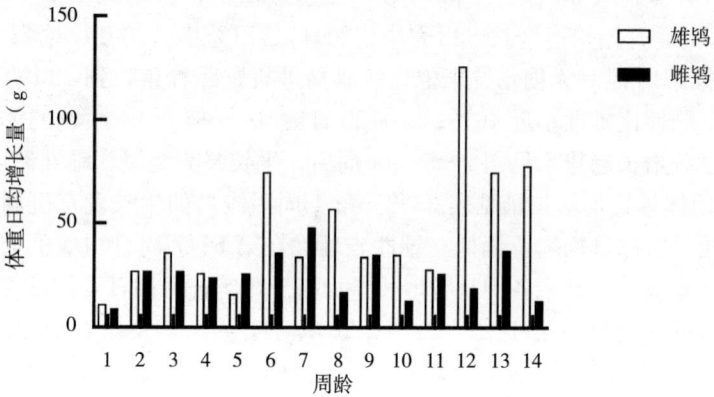

图2-6 雌雄雏鸟1~14周体重日均增长对比

9周生长较快，9~14周生长较慢，见图2-7。大鸨出雏至10~12日龄时开始长出尾羽鞘，尾长在生长高峰期雌雄鸨的日均增长量差异不大。跗跖：主要在前期生长，雄鸨的高速生长期较雌鸨长2周，见图2-8。两性嘴裂、中趾及头宽在各周生长较平均，见图2-9。两性外部器官长至14周龄后，基本呈较慢增长或平稳状态。体尺测量数据，也反映出120日龄的大鸨，雌性体型明显小于雄性。

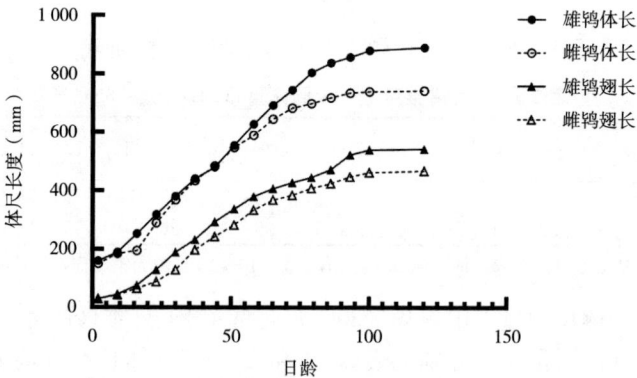

图2-7 2~120日龄雌雄大鸨的体长和翅长生长发育曲线

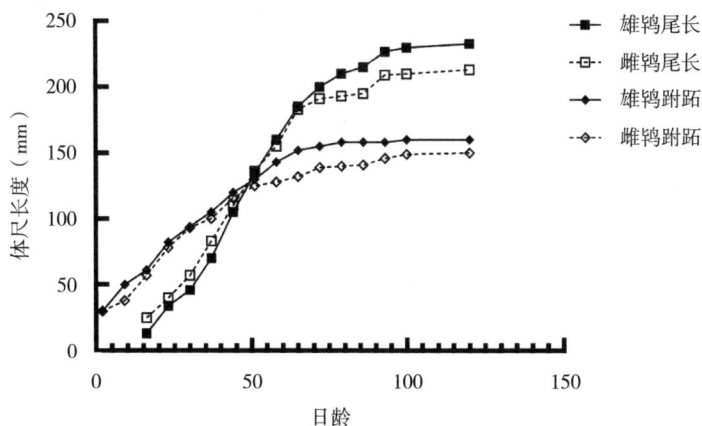

图 2-8　2～120 日龄雌雄大鸨的尾长和跗跖生长发育曲线

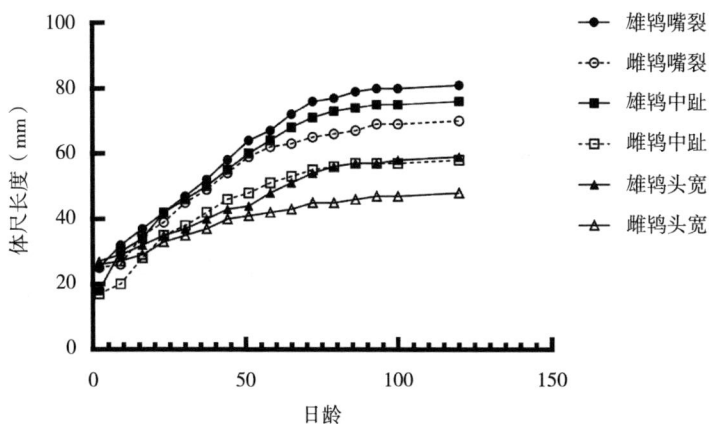

图 2-9　2～120 日龄雌雄大鸨的嘴裂、中趾和头宽生长发育曲线

表 2-4　雄性雏鸟 2～120 日龄体重及体尺测量数据（mm）

日龄	体重（g）	体长	尾长	翅长	跗跖	嘴裂	中趾	头宽
2	76±9.5	160±24		30±3	30±2	25±4	18±3	27±2
9	156±24	190±31		45±5	50±4	32±7	30±5	29±4

（续）

日龄	体重（g）	体长	尾长	翅长	跗跖	嘴裂	中趾	头宽
16	347±69	253±31	13±4	76±18	61±8	37±6	34±3	32±3
23	600±40	319±33	34±8	129±25	82±3	42±3	42±5	35±6
30	785±46	381±19	46±6	190±16	94±5	47±5	46±6	37±5
37	903±153	441±30	70±15	233±15	105±4	52±8	50±4	40±4
44	1 432±184	480±29	105±7	294±11	120±4	58±6	55±2	43±3
51	1 673±150	555±30	135±12	338±17	130±5	64±4	60±4	44±7
58	2 073±207	628±66	160±10	380±13	143±7	67±4	64±3	48±7
65	2 308±168	693±20	185±9	407±10	152±5	72±5	68±3	51±5
72	2 550±202	745±41	200±10	428±18	155±7	76±3	71±2	54±4
79	2 743±187	805±45	210±11	446±16	158±11	77±2	73±5	56±5
86	3 625±220	838±21	215±7	473±21	158±9	79±4	74±5	57±2
93	4 150±275	857±36	227±11	523±15	158±12	80±3	75±3	57±4
100	4 700±235	880±26	230±11	540±10	160±10	80±2	75±4	58±3
120	4 850±243	890±22	233±9	543±8	160±11	81±4	76±3	59±5

表 2-5　雌性雏鸟 2～120 日龄体重及体尺测量数据（mm）

日龄	体重（g）	体长	尾长	翅长	跗跖	嘴裂	中趾	头宽
2	72±5.6	150±12		30±3	30±3	25±2	17±4	26±4
9	137±18.5	185±14		43±5	38±2	26±3	20±2	27±3
16	325±4.3	195±7	25±5	65±6	57±7	35±4	28±3	29±4
23	515±52	290±18	40±5	88±14	78±5	39±2	35±3	33±2
30	694±72	369±22	57±11	129±23	93±7	45±2	38±4	35±2
37	876±179	435±19	83±14	198±23	100±9	49±1	42±6	37±3
44	1 128±188	485±32	110±21	244±24	116±6	54±3	46±5	40±3
51	1 466±171	548±34	136±17	283±15	125±7	59±2	48±4	41±4

（续）

日龄	体重（g）	体长	尾长	翅长	跗跖	嘴裂	中趾	头宽
58	1 590±147	590±24	155±14	334±18	128±3	62±4	51±5	42±2
65	1 818±151	646±25	183±9	369±17	132±4	63±3	53±3	43±3
72	1 912±198	684±30	191±7	385±21	139±5	65±3	55±4	45±4
79	2 095±211	699±24	193±6	409±17	140±3	66±5	56±3	45±4
86	2 225±167	719±26	195±8	425±15	141±4	67±3	57±4	46±4
93	2 487±115	735±31	209±7	447±6	146±7	69±1	57±4	47±2
100	2 575±135	740±27	210±7	463±11	149±5	69±4	57±4	47±2
120	2 850±127	743±32	213±5	468±8	150±3	70±1	58±2	48±2

第三节 人工饲养大鸨行为活动时间分配

研究动物行为的时间分配，可以了解其生活习性和活动规律。人工饲养条件下，主要研究大鸨以下 9 种行为：游走、取食、理羽、休息（趴卧、静立）、打蓬、啄草（雪）、炫耀、追逐。

一、繁殖期行为时间分配

1. 行为时间的分配比例 在人工饲养条件下，大鸨繁殖期为4—6月。繁殖期的时间分配比例为游走行为占 21.86%，休息行为占 31.48%，理羽行为占 5.92%，取食行为占 7.45%，炫耀行为占 6.83%，警戒行为占 25.89%，追逐行为占 0.57%。从以上数据可以看出，游走、休息行为占比较大，警戒行为在人工饲养条件下占有较大比例，分析原因是由人为干扰造成的。繁殖期大鸨时间分配比例见图 2-10（田秀华，2001）。

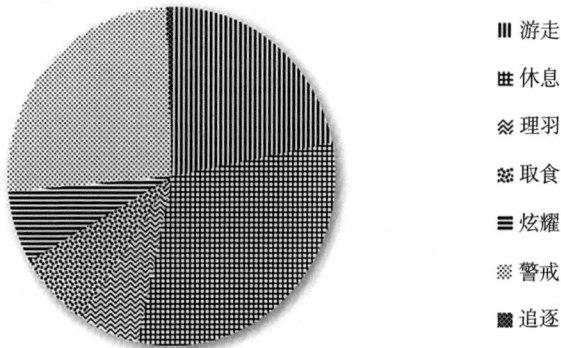

Ⅲ 游走

⊞ 休息

❈ 理羽

❈ 取食

☰ 炫耀

❈ 警戒

▣ 追逐

图 2-10　繁殖期大鸨时间分配比例

2. 时间分配的日节律　每日，大鸨在各段时间内的行为活动、时间分配存在着很大的差异，这称为时间分配的日节律。大鸨繁殖期日节律见表 2-6（田秀华，2001）。从表中可以看出：取食行为分配相对较均匀，但由于人为原因，多在 9：30 左右喂食，大鸨在这一时间段的取食行为比例明显升高，17：00—19：00，取食行为比例逐渐升高，是大鸨的主要行为特征之一；求偶炫耀行为主要发生在早晨，比例明显高于其他时间段，16：00—18：00 比例相对也较高，这说明大鸨交尾行为也常发生在这两个时间段内，也是大鸨繁殖期的主要行为特征之一；警戒行为分配较均匀，因为警戒行为是由环境因子决定的，而笼舍周围的环境变化不大，所以警戒行为在不同时间段内比例差异较小。

表2-6 大鸨繁殖期日节律（%）

行为	时间														
	4：00—5：00	5：00—6：00	6：00—7：00	7：00—8：00	8：00—9：00	9：00—10：00	10：00—11：00	11：00—12：00	12：00—13：00	13：00—14：00	14：00—15：00	15：00—16：00	16：00—17：00	17：00—18：00	18：00—19：00
游走	28.77	29.31	36.19	37.92	30.40	25.46	17.36	17.26	8.29	12.46	11.11	21.04	17.05	34.75	45.86
休息	30.82	21.45	16.19	17.66	26.13	41.41	60.89	46.13	52.59	41.21	37.04	25.91	22.22	9.27	8.84
理羽	2.05	3.02	7.30	6.23	2.93	6.13	6.48	8.63	5.44	8.95	10.49	7.01	3.86	1.54	1.66
取食	1.71	0.91	2.86	3.38	5.6	9.51	6.48	8.63	5.18	6.39	4.94	4.88	4.35	1.54	4.97
炫耀	11.99	12.99	4.13	4.94	5.3	1.84	0	0	0	0	1.85	1.52	14.01	10.42	5.52
警戒	24.32	30.82	33.02	29.35	28.53	15.34	8.81	18.45	28.50	30.99	34.26	37.80	37.20	40.15	31.49
追逐	0.34	1.51	0.32	0.52	1.07	0.31	0	0.89	0	0	0.31	1.83	0.48	2.32	1.66

二、越冬期行为时间分配

1. 行为时间的分配比例 通过观察证实，人工饲养的大鸨可在高纬度地区（东经 126°17′—127°30′，北纬 45°20′—46°20′）室外安全越冬（田秀华，2001）。大鸨越冬时间分配如图 2-11 所示，休息行为（趴卧、静立）占 78.49%，大鸨在冬季各行为活动中所占比例最多，而取食占 6.15%，游走占 7.33%，理羽占 4.28%，啄草、啄雪占 2.65%，打蓬占 1.10%，所占比例较少，并且各行为在时间分配上存在着显著差异。大鸨的休息行为是绝对的静栖，排除了种内和种间的相互干扰。相对安全的生存环境和充足的食物使人工饲养大鸨摄食、警戒天敌等社会行为减少。休息等个体行为增加，是对北方寒冷天气的一种适应。

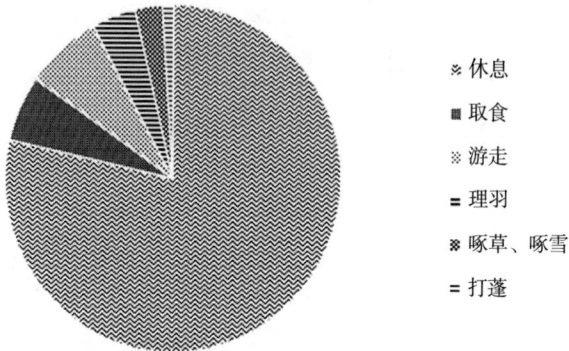

图 2-11 人工饲养大鸨越冬时间分配

2. 时间分配的日节律 将大鸨越冬的过程分为三段，刚入冬时为越冬初期，最冷的时期为越冬中期，冬天快结束时为越冬末期，大鸨在越冬初期、中期和末期一日内不同时间内的行为分配情况见表 2-7（田秀华，2001）。从表 2-7 可以看出，在不同时期，各种行为的波动无显著差异。大鸨在整个越冬时期一日内不同时间各行为的时间分配情况见表 2-8。7 种行为在一天内的时间分配见图 2-12。

表 2-7 人工饲养大鸨越冬各时期行为日节律（%）

行为	越冬时期	时间					
		8：55—9：55	9：55—10：55	10：55—11：55	11：55—12：55	12：55—13：55	13：55—14：55
游走	初	0.59	0	4.73	0	3.55	0.59
	中	26.23	0	11.83	4.14	9.47	2.37
	末	7.69	3.55	6.51	15.98	10.65	8.28
取食	初	14.20	2.92	8.88	8.28	3.55	2.96
	中	5.33	4.14	10.65	8.88	1.78	2.96
	末	7.69	5.92	11.83	8.28	5.92	6.51
理羽	初	0	0	7.78	0	1.78	5.92
	中	0	2.96	2.37	2.37	2.37	0
	末	5.33	7.69	17.75	12.43	14.20	14.20
趴卧	初	5.33	27.81	14.20	29.59	28.40	53.85
	中	34.91	56.80	40.83	49.11	69.82	76.33
	末	1.78	6.51	1.18	0	0	1.78
静立	初	78.11	64.50	67.46	57.40	59.76	35.50
	中	28.99	33.73	32.54	28.99	11.24	16.57
	末	71.60	72.78	55.03	55.62	64.50	65.68
打蓬	初	0	0	0	0	0.59	0.59
	中	3.55	0.59	0	1.18	0	1.18
	末	1.78	1.18	0	0.59	0.59	1.78
叼啄	初	1.78	1.78	2.90	4.73	2.37	0.59
	中	0.59	1.78	1.78	5.33	5.33	0.59
	末	4.14	2.37	7.69	7.10	4.14	1.78

注：叼啄主要是指啄草、啄雪行为。

表 2-8 整个越冬期人工饲养大鸨行为时间分配日变化（%）

行为	时间					
	8：55—9：55	9：55—10：55	10：55—11：55	11：55—12：55	12：55—13：55	13：55—14：55
游走	11.64	1.18	7.69	6.71	7.89	3.75

（续）

行为	时间					
	8：55— 9：55	9：55— 10：55	10：55— 11：55	11：55— 12：55	12：55— 13：55	13：55— 14：55
取食	9.07	5.33	10.45	8.48	3.75	4.14
理羽	1.78	3.55	7.30	4.93	6.12	6.71
趴卧	14.01	30.37	18.74	26.23	32.74	43.99
静立	59.57	57.00	51.68	47.34	45.17	39.25
打蓬	1.78	0.59	0	0.59	0.39	1.18
啄草、啄雪	2.17	1.98	4.14	5.72	3.95	0.99

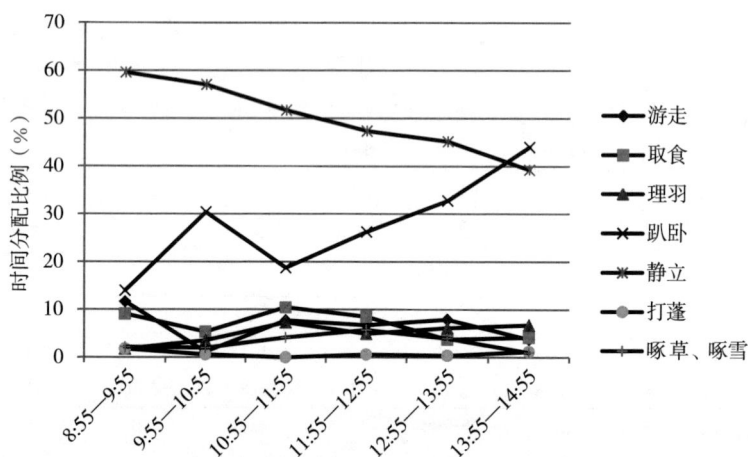

图 2-12　冬季大鸨行为时间分配日增长曲线

从图 2-12 中可以看出，静立行为近似呈直线下降，趴卧与游走呈相反趋势。取食行为与啄草、啄雪行为曲线较相近，取食行为高峰期主要在 11：00—12：00，其次在 9：00—10：00，每天饲喂大鸨时间在 9：30 和 15：00，大鸨的取食强度在一天内并没有太大的波动，这与人工饲养大鸨的食物充足有关。啄草、啄雪的高峰期在 12：00—13：00，在取食高峰期之后。理羽的高峰期在

11：00—12：00，此时阳光充足，温度有所上升，大鸨的自身护理行为有所增加，游走比例也很大，由此可见，冬季11：00—12：00，是大鸨最活跃的时间段。

三、雏鸟行为

在成长过程中，大鸨雏鸟不断改变行为时间分配，以适应生理需求和周边环境。幼雏行为的分类与描述见表2-9（张佰莲，2006）。

1～3日龄大鸨的行为是逐渐完善的过程，并形成一定的规律（图2-13）。雏鸟随日龄增加，休息行为强度逐渐增大，此后呈持续上升趋势；相反，蹲伏行为强度随日龄增加逐渐减少。展翅、觅食、理羽、站立、游走、鸣叫行为强度均维持在较低水平，鸣叫行为随日龄的增加逐渐减少。雏鸨的羽毛稀少，缺乏理羽和展翅行为，之后随着年龄增长，逐渐增多，在繁殖期尤为明显。

4～100日龄大鸨雏鸟休息、站立、游走等行为的变化趋势见图2-14和图2-15。在成长过程中的雏鸟，休息行为一直保持较高的比例，仅在30日龄和70日龄强度降低；游走行为强度在20～40日龄达到峰值后逐渐下降，至80日龄降至最低水平，此后趋于稳定；展翅行为随日龄增长有所增加，60日龄时达到一个小高峰；觅食行为时间百分比在50日龄有所增加；理羽行为强度随日龄增加而增加，到后期会出现大鸨特有的打蓬行为；大鸨雏鸟的鸣叫行为比较特殊，只在1～20日龄时发生，且比例小，生长后期及成龄后，基本没有鸣叫行为。人工饲养条件下，几乎没有天敌和自然灾害等威胁，因此大鸨雏鸟警戒行为比例小。雏鸟成年后，其日节律中警戒行为的强度也远小于野生的个体。

表2-9　大鸨雏鸟行为描述（张佰莲，2006）

行为	描述
游走	平头行走，跑动，跳跃飞行，边走边东张西望
觅食	低头行走寻找食物，准备啄取食物，用喙扒甩食物，摄食，吞咽食物，以及饮水

（续）

行为	描述
理羽	用喙啄理羽毛，用爪搔抓头部及颈前部分，用喙啄跗跖及足，振翼，单侧踢腿，展翅
蹲伏	用跗跖着地，颈直立，头、颈等局部可动，跗跖不动，休息的一种方式。睡觉、打盹、颈较自然地收缩或头向后缩入羽内抗寒，也指雏鸟站立不稳时用跗跖站立
站立	大鸨用脚着地，颈直立，头、颈等局部可动，跗跖不动
展翅	雏鸟两翅展开，向前走动或奔跑，并有起飞的趋势，可以伸展筋骨，有助于身体生长发育
休息	整体基本不动，局部无明显活动，多数时间闭眼
鸣叫	喙微张开，同时发出有规律的"吱吱"声或者闭喙发声
警戒	大鸨对外界环境的变化所产生的一种警示动作，突然停止原有行为，头转向声音发出的方向，站立不动或边走边向一个方向观察，对异常声音、环境的一种警觉行为
打蓬	一种强烈的抖羽行为，多为趴卧时身体强烈振动，羽毛抖开，可清洁体羽，美化自身，解痒，相当于人类的伸懒腰，是一种调节行为

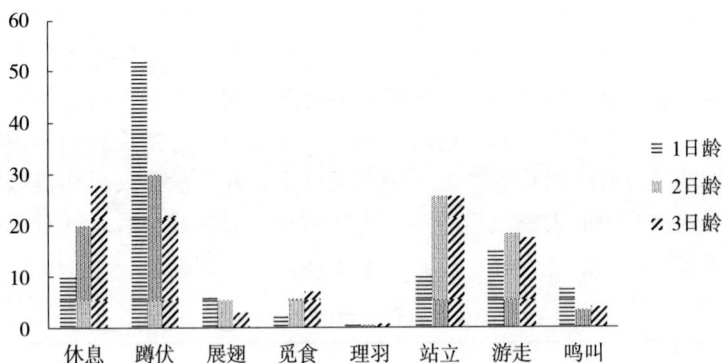

图 2-13　大鸨雏鸟 1~3 日龄行为类型

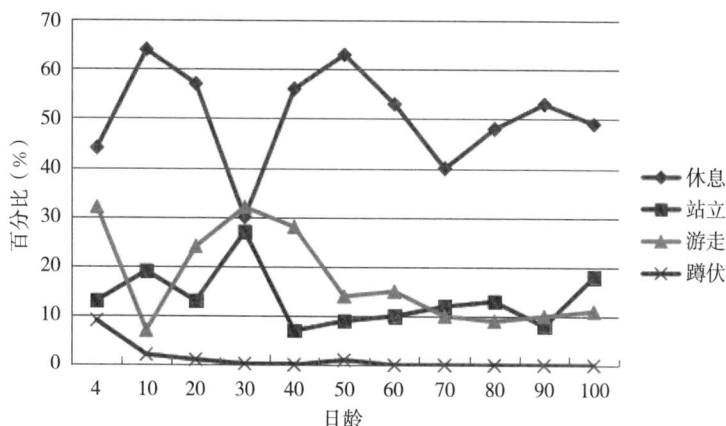

图 2-14　大鸨雏鸟休息、站立、游走、蹲伏行为变化趋势

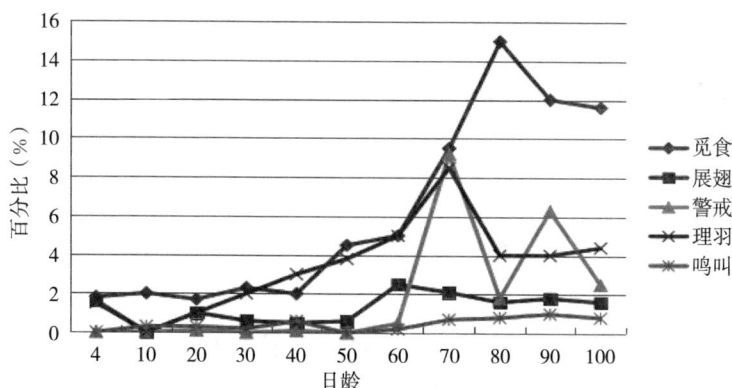

图 2-15　大鸨雏鸟觅食、展翅、警戒、理羽、鸣叫行为变化趋势

第四节　种群管理

一、个体识别

1. 雌雄鉴别　成年大鸨二态性明显，雄鸨大且壮，雌鸨纤细体重轻，体形和体重差异较大。亚成体和幼体的二态性不明显，但

（同日龄的）雄性大鸨体形大于雌性，体重是雌性的 2 倍（田秀华，2001）。结合大鸨的生理结构和基因鉴定技术，雌雄鉴别有以下 3 种方法：①观察外形，见彩图 4；②检查是否具有阴茎体，雄性在雏鸟时，阴茎体已经很明显，呈圆锥形，可作为雌雄鉴别的标志（郭玉荣，2007）；③通过 CHD 基因的一对引物进行大鸨的性别鉴定（刘铸，2006）。

2. 个体识别 个体识别对于管理一个健康的人工饲养种群十分重要（王岐山，2005），是治病防病、完善档案、建立谱系等科学化、规范化管理的前提条件。目前鸟类的个体识别主要采用表面附属物标记和微电子芯片标记。表面附属物标记常用鼻环、颈环、脚环、翅标。大鸨可以采用脚环标记，佩戴在胫骨上，见图 2-16、图 2-17。脚环分为金属永久环和塑料彩色脚环。金属永久环的优点是不易脱落，标记时间久，缺点是不易肉眼识别。塑料彩色脚环，易肉眼识别，缺点是易损坏脱落，造成识别困扰。脚环的尺寸（直径和高度）要保障动物配戴舒适，大鸨胫骨短，尤其是雄性，不适合宽脚环。建议脚环平均直径（外径）为雄性 27mm、雌性 22mm，平均高度小于 30mm。另外，在动物体内加载微电子芯片也是一种较为可靠的个体识别方式，具体操作规程参照国家林业和草原局（原国家林业局）全国野生动植物研究与发展中心发布的《活体野生动物植入式芯片标记技术规程（试行）》。

3. 档案管理 档案信息对于大鸨种群管理意义重大。详细、准确的个体档案记录，有助于开展种群状况分析，提升管理效率。档案信息包括来源情况（时间、地点）；身体状况（救护个体要记录伤病情况）；引进或救护时体成熟情况（雏鸟、亚成体、成体）；在人工饲养情况下是否有繁殖及表现；医疗情况（个体病例）；死亡情况（时间、原因、尸体处理情况）；转移情况（时间、地点）；其他日常饲养的常规记录（饲料配方、饲料量、饲养管理方法等）。有些救护的大鸨，即使存活时间短，也应尽量完善档案信息。

图 2-16 给大鸨佩戴脚环

图 2-17 左腿佩戴脚环的雄性大鸨

二、遗传资源管理

（一）种群基因多样性

研究大鸨遗传多样性，有助于了解种群的遗传变异水平及种群间的遗传交流状况，分析物种亲缘关系。这不仅是制定大鸨保护策略的基础，还是进行人工繁育以及实施再引入等遗传管理的科学依据。

王明力（1998）利用骨髓制备染色体的常规方法，对大鸨染色体核型进行初步研究，认为大鸨具备鸟类原始核型，并与鹤形目鹤科、秧鸡科、三趾鹑科共 8 种鸟类核型进行比较，可看出大鸨与鹤科鸟类亲缘关系较近。

孔有琴（2003）在中国境内松辽平原西北部的大鸨繁殖地、呼伦贝尔高原西南部的大鸨繁殖地及山东黄河三角洲地区，对 18 只大鸨东方亚种的线粒体 DNA 控制区 II 的部分序列进行测定和遗传关系分析，发现其遗传多样性水平很低，且越冬地要拥有比繁殖地高的遗传变异水平。

张方（2005）利用随机扩增多态 DNA 技术对大鸨 6 只个体进行随机扩增多态 DNA 分析，共筛选出有效随机引物 14 条，利用所得的随机引物对每只大鸨的 DNA 进行扩增，根据聚类分析得到树状图，确定了 6 只大鸨的亲缘关系。

刘铸（2007）分析了 47 只大鸨东方亚种和指名亚种的遗传多样性与系统分化，认为两个亚种不仅在数量和分布上存在明显差异，还在遗传特征上存在明显的不同，指明亚种的遗传多样性明显高于东方亚种，东方亚种种群遗传多样性低的情况尤为显著，可能是群体较小、历史遗传瓶颈作用、生境破碎化、分布地域紧缩等原因造成的。

2005、2010、2019 年，在河南和陕西共计发现 3 只野生白化雄性大鸨，头灰、颈棕、上体具宽大的棕色及黑色横斑、下体及尾下呈白色。第 1 只是 2005 年 1 月，马朝红在河南孟津发现；第 2 只是 2010 年 12 月，李惠均在郑州黄河湿地省级自然保护区发现；第 3 只是 2019 年 12 月，在陕西省大荔县赵渡镇鲁安村附近的黄河滩涂发现（廖小青，2021）。白化现象对大鸨东方亚种种群基因突变和基因多样性的影响有待进一步研究。

（二）人工饲养种群现状及管理建议

我国大鸨人工饲养时间跨度长，档案记录缺失严重。2017 年，首次建立全国人工饲养大鸨谱系簿（以下简称"谱系"）。截至 2022 年，实际追踪到存活和曾经存活的人工饲养大鸨数量共计 80 只，均为东方亚种。本节中种群现状分析和管理建议均限于大鸨东方亚种的人工饲养种群。使用种群管理软件 SPARKS1.66 和 PMx2000 进行统计学和遗传学分析，数据采用《中国动物园协会 2022 年人工饲养大鸨谱系簿》。

1. 统计学分析

（1）数量变化 2000—2016 年，人工饲养大鸨的档案数据丢失严重，谱系中未收录到人工饲养的全部大鸨，因此数量变化情况与实际情况存在偏差，数量实际变化趋势应为逐年减少。2017—2022 年，逐年跟踪统计数量，变化趋势与实际吻合，呈下降趋势（图 2-18），在 2022 年谱系中，全国人工饲养大鸨存活数量 22 只，饲养在 7 家单位，雄性 17 只，雌性 5 只，见表 2-10。大鸨的数量变化只发生在救护和死亡之间，死亡数量多于救护数量。

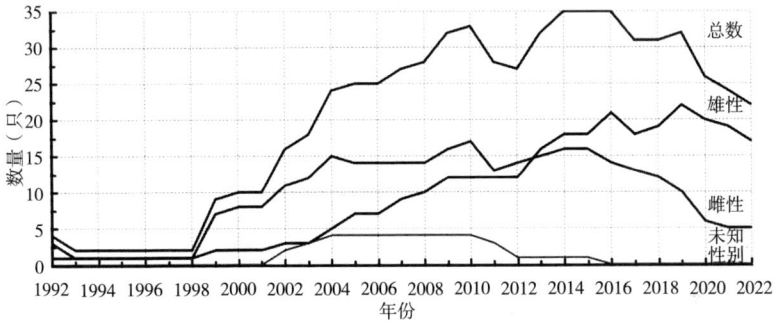

图 2-18 1992—2022 年大鸨人工饲养种群数量变化趋势

表 2-10 2022 年人工饲养大鸨单位及数量

饲养单位名称	存栏数量（只）
哈尔滨北方森林动物园	1（雄）
保定市动物园	4（3 雄 1 雌）
兰州野生动物园	3（雄）
银川动物园	2（雄）
太原动物园	3（2 雄 1 雌）
天津市动物园	1（雌）
长春市动植物公园	8（6 雄 2 雌）
总计	22（17 雄 5 雌）

（2）年龄、性别结构　目前人工饲养种群中，雄性数量远多于雌性，雄性：雌性为17：5，接近3：1，比例明显不利于种群繁殖。大鸨低年龄个体数量少，年龄结构图形不是典型金字塔结构，而是接近于倒金字塔，为下降型种群，不利于种群发展，见图2-19。

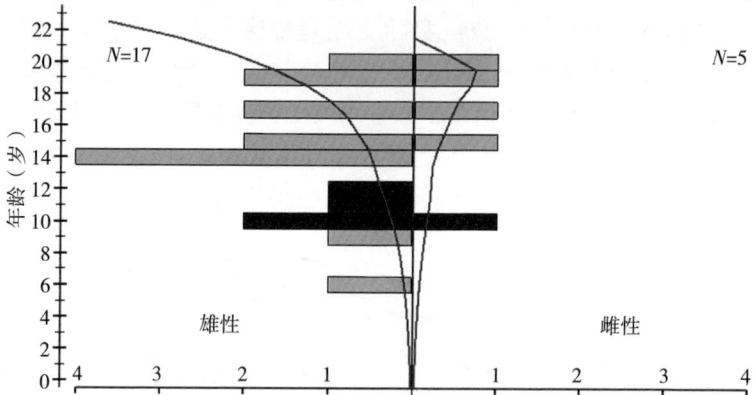

图2-19　2022年大鸨人工饲养种群年龄和性别结构

（3）来源变化　2017—2022年的谱系数据表明，人工饲养的大鸨有96.25%来自野外救护，救护地点主要分布在黑龙江、吉林、河北、宁夏、甘肃等省份，均为东方亚种。

（4）繁殖记录　全国只有两家单位在2001年、2005年和2009年有人工繁殖大鸨。2009年以后，大鸨一直没有人工饲养繁殖成活个体。2022年，15岁以下雌性大鸨共有3只，有产卵记录的仅1只。

（5）死亡　近年来，人工饲养大鸨的死亡原因多与环境因素和自身行为因素有关，69.23%为应激外伤或内脏病变死亡。

2. 遗传学分析

大鸨人工饲养种群亲缘关系清楚，但遗传分析基础数据单薄（$n < 30$）。遗传学分析结果，仅供种群管理规划参考。人工饲养种群的遗传学管理目标一般是在100年的时间内保持基因多样性在

90％以上的水平（于泽英，2004）。目前，大鸨人工饲养种群基因多样性 GD 为 0.625，即只保留了来自野外个体 62.5％的基因多样性。以现有种群数量，即使开发所有潜在的建立者（假定最理想状态，但受繁殖年龄、体况等因素制约，无法实现），也只能维持 90％的基因多样性 18 年。

（1）建立者 现有种群中有后代的建立者数值为 4，见表 2-11，但建立者已死亡，需要开发潜在建立者，实现种群增长。

表 2-11 人工饲养大鸨种群遗传学参数

遗传学参数	数值
建立者	4
存活动物	22
存活后代	2.00
祖先已知百分比（％）	100
祖先确定性百分比（％）	100
基因多样性	0.625 0
基因价值	0.625 0
平均亲缘关系值	0.000 0

（2）配对分析 配对适宜指数（MSI）是种群遗传管理中用于挑选适宜个体进行配对的重要指标。通过综合计算配对大鸨的平均亲缘关系值、近亲繁殖系数以及祖先未知因素的总量，根据总量的特异性划分出 1~7 级，配对等级越低，越有益于种群基因多样性的有效保持。大鸨现有种群 88％的配对方式有利于种群的遗传健康，见表 2-12。

表 2-12 人工饲养大鸨配对适宜系数（MSI）

谱系号 雄性	雌性 饲养地点	36 天津	39 长春	46 保定	70 长春	79 太原
7	太原	1	1	1	1	1

（续）

谱系号 雄性	雌性 饲养地点	36 天津	39 长春	46 保定	70 长春	79 太原
38	长春	1	1	1	1	1
42	银川	1	1	1	1	1
44	长春	1	1	1	1	1
45	长春	1	1	1	1	1
47	兰州	1	1	1	1	1
51	长春	6	6	6	6	6
52	长春	6	6	6	6	6
54	保定	1	1	1	1	1
58	兰州	1	1	1	1	1
59	兰州	1	1	1	1	1
63	长春	1	1	1	1	1
67	保定	1	1	1	1	1
69	哈尔滨	1	1	1	1	1
72	保定	1	1	1	1	1
73	银川	1	1	1	1	1
78	太原	1	1	1	1	1

3. 种群管理建议

（1）不断提升医疗和救护水平，提高大鸨卵、各年龄段大鸨及伤病大鸨的救护成活率及康复率。

（2）不断提升大鸨的人工饲养水平和饲养环境、设施。适当的饲养管理可以有效地降低大鸨死亡率。接近野外栖息地的馆舍环境，是大鸨在人工饲养条件下实现繁殖的首要条件。

（3）适当地开展行为训练，提升人工饲养大鸨对环境的适应性。

（4）饲养单位之间开展合作。目前，需要突破国内人工饲养小种群、单个体和单性别的孤岛式饲养，实施配对计划。饲养单位存活的大鸨多为救护个体，一方面伤病原因导致适合繁殖的个体少，另一方面由于相关法律法规的限制，无法转移地点参与合作繁殖。需要饲养单位之间加强沟通、合作，并积极争取各级政府和相关政策的支持。

（5）与保护区之间开展合作，技术互通，提升就地保护和迁地保护水平，为野外种群复壮积蓄力量。

（6）通过人工繁殖维持大鸨基因多样性。人工饲养条件下，能够实现繁殖，不仅可以为野外种群壮大积蓄种群，还有效地保留了每只大鸨珍贵的基因，减缓了大鸨东方亚种遗传多样性丢失的速度。

第三章　大鸨的救护与医疗

第一节　收容救护

以《中华人民共和国野生动物保护法》《野生动物收容救护管理办法》为基本原则，以《野生动物救护实用手册》为技术指导，在规定范围内，规范、标准、科学地开展大鸨收容救护工作。不以被救护的大鸨牟利。对于具备野外自主生存能力的大鸨，应选择适合其生存的野外环境，尽快放归。对于被救护的大鸨，应为其提供适宜的生存条件，饲养环境尽量模拟其野外栖息地。救护过程中，救护人员应采取有效措施保障大鸨的安全，并做好自身健康与安全防护工作。

一、流程

1. 动物接收

（1）救护前，详细询问动物外形特征，如体型大小、羽毛颜色、喙的长短等，初步判断动物情况。了解大鸨伤病情况，是否有明显外伤，是否有稀便等发病表现，有针对性地准备救护用品及药品。卵的救护见本书第二章第二节。

（2）预备护目镜和手套等防护用品。若初步判断，大鸨疑似患传染性疾病，应做好防护及消杀。

（3）记录救护信息，包括大鸨的救护方式、时间、地点等。救护地点尽可能详细，最好有原始发现地点。

2. 疾病诊疗

（1）诊断　首先评估大鸨的健康状况，进行初步诊断。检查内容包括体重、体温、呼吸、心率、能否自主站立和行走等。分析是否需要进行实验室检查和影像学检查，进一步判断大鸨伤病情况，如是否中毒、是否患传染病、是否有机械性损伤等情况。详细检查项目及检查方法见本书第三章第二节。

（2）紧急治疗　救护大鸨入园时，有严重外伤、流血不止、体温或呼吸异常等情况，应立即治疗。另外，有些伤病虽不致命，但不及时处理，会给动物带来疼痛，也要尽快治疗。

（3）常规治疗　体况较好的大鸨，不危及生命的轻伤，简单处置，或暂不处置，待动物状况稳定后再治疗。治疗分两种情形：一种是对症治疗，例如，大鸨被长时间或过紧地保定，双腿麻痹无法站立，饲喂天麻丸、维生素 B_1 和活性钙片（拌在窝头饲料里），5～7d大鸨能站立行走；另一种是对因治疗，针对疾病发生原因，采取相应的治疗方案，见本书第三章第三节。

3. 隔离检疫

（1）隔离期　按照《野生动物检疫规程》等相关规定，隔离检疫时间不少于 30d。隔离期满，若大鸨无异常，转入日常笼舍康复饲养。

（2）笼舍　检疫笼舍应建在通风向阳、排水良好的下风口处，与其他笼舍保持一定距离。刚救护入园的大鸨，饲养在安静隐蔽、光线较暗的笼舍内，地上垫放 30～50mm 厚的干草或细刨花，也可铺沙砾。空间满足大鸨生存，但不宜太大，便于保定和捕捉。雌鸨比雄鸨更易惊飞乱撞，隔离舍的四周及棚顶要做好防护，避免撞伤。

（3）检查　隔离检疫期间检测禽流感等烈性传染病。6—8月救护的大鸨，患绦虫病概率高，应采集粪便进行寄生虫检查。

（4）取样　在大鸨状况适宜时，可进行非伤害性取样和非损伤性取样，采集血液和羽毛样本（羽根、羽髓、羽鞘、实心羽茎和绒羽），以备用于遗传管理、亲缘关系、性别鉴定等研究。

二、康复饲养

康复饲养是动物救护过程中极其重要的环节。从大鸨入园时就已经开始，贯穿救护工作始终。管理人员固定，可减少应激反应。密切观察大鸨的采食、粪便及精神状态，及时调整治疗和康复方案。

（一）成鸟的康复饲养

1. 自主采食　在舍内，提前放好饲料和饮水。大鸨可能长时间未进食，过多的食物会加重肠胃负担，先饲喂少量小麦、玉米、绿豆、燕麦或草籽等。饮水中加抗应激粉（电解多维粉）和黄芪多糖，持续1周，降低应激反应，提高免疫力。可饲喂活蝗虫，通过门隙或窗隙观察是否采食。需要投喂药物时，将药拌入饲料中。避免给刚救护的大鸨饲喂窝头等易变质的饲料。若大鸨身体虚弱，可在饮水中加入5％的葡萄糖粉和多种维生素，或在饲料中加入多种维生素。

2. 人工填食　大鸨入园1～2d后仍不采食时，若体质强壮、吞咽和叼啄能力强，可进行人工强制填喂饲料——强食法。把窝头切成小块（5～10g），用手捏成长条状，蔬菜切成长条状，一名助手固定住大鸨，另一人用手轻轻掰开大鸨的喙，左手食指和中指横伸于大鸨喙内，右手把食物填入口内，用食指推至舌根，合拢喙，并由上而下抚摸颈前部帮助下咽，见图3-1。在动物保定和填食时，尽量做到快、轻、稳，不宜用力过猛。每日填食1～2次，窝头40～50g/只，蔬菜40～50g/只，牛肉条10g/只。一般7～20d，大鸨可站立行走，自行采食。

3. 静脉输液　若大鸨体质非常弱，吞咽能力不强，则采取跗跖静脉输液来补充水分和营养，见图3-2。输液前，准备长200mm、宽度适宜的黑布头套，套在大鸨头上挡住视线，防止其挣扎。每只大鸨每天静脉注射25％葡萄糖液10mL、10％葡萄糖酸钙2mL、25％维生素C 0.5mL、5％维生素 B_1 0.5mL，如有感染可以每只大鸨静脉注射庆大霉素2万U。操作时，大鸨侧卧保定。

把要穿刺的一侧腿放平，在内侧跗骨与筋腱形成的沟里寻找静脉，用酒精棉球局部消毒、擦干，助手用手指按住静脉上端，使其充分舒张，用4～7号头皮静脉针由下而上穿刺。若推注药液，速度要慢，推注时要注意大鸨的呼吸和心跳情况，若发现大鸨张口呼吸或心跳过快，暂停推注，恢复正常时再注射。注射结束后，用挤干酒精的棉球压在穿刺部位上，再用胶布扎紧。

图 3-1　大鸨人工填食

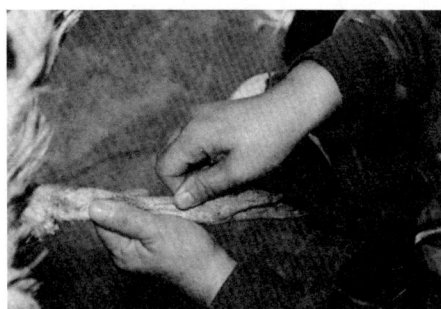

图 3-2　大鸨静脉输液

（二）雏鸟的喂养

救护到的雏鸟，一般肠胃功能较弱，第一天先用注射器喂5％的葡萄糖水，每次几滴，分多次饲喂，此后的育雏方法见本书第二章。

（三）放归准备

对体况恢复良好的大鸨，在放归前，提供较大的、模拟野外栖息地环境的活动空间，提前放置食物和饮水（充足但非轻易获得），此后除必要的食物供给，避免人为干扰，让大鸨积蓄体能和恢复生存技能。

三、动物安置

动物安置坚持依法依规、科学合理、及时有效的原则进行，一般分为放归自然、无害化处理、科普宣教等。

1. 放归自然 对体况良好、无需再采取治疗措施或者经治疗后体况恢复、具备野外生存能力的大鸨，按照《野生动物收容管理办法》和其他相关规定，选择适宜的时间，在救护地或就近的分布地野外放归。如需开展追踪监测和放归评估等工作，应在放归前对大鸨进行标识。

2. 无害化处理 如发现并确诊传染性疾病，活体及死体均须严格按照《中华人民共和国动物防疫法》《重大疫情应急条例》等相关法律法规，做好传染病报告、消杀、防疫等处置。

3. 科普宣教

（1）没有传染性疾病的大鸨尸体，妥善保存。在获得相关行政许可后，制成标本，发挥其科学研究和教育宣传的价值。

（2）对经救护治疗但仍不适宜放归的大鸨，经林业主管部门审批后，在适宜的场馆进行饲养。如涉及罚没、移交等情形的，参照《野生动物收容管理办法》第七条进行安置。

第二节　疾病检查

完整的诊断应该包括：明确主要病理变化的部位；指出组织、器官病理变化的性质；判断生理机能障碍的程度和形式；阐明引起病理变化的原因及病理过程。因此，建立诊断要注意：全面准确地收集信息、临床症状与辅助检查结果；分清疾病中的主要症状与次要症状；分析临床症状与检查结果，建立初步诊断；针对病因制定治疗计划，验证诊断结果。

一、常规检查

常规检查包括问诊、视诊、触诊、听诊、叩诊、嗅诊 6 个方面。

（一）问诊

1. 基本信息 基本信息包括发病大鸨的性别、年龄、特征、圈舍环境等。

2. 病史调查

（1）现病史 包括发病的时间与地点；疾病的表现；发病的经过；饲养人员估计的致病原因；同群的发病情况等。

（2）既往病史 包括免疫驱虫情况；过去患病情况；是否发生过类似疾病，以及疾病的经过与治疗情况。

（3）饲养管理情况 饲料种类、数量及质量，饲喂方式有无变化；日常清扫消毒情况；是否有应激情况。

（二）视诊

在不影响动物状态的前提下，按照从远到近、从前到后、从上到下、从左到右的顺序观察动物。内容包括：

1. 整体状态 个体大小、营养状态、被羽情况、有无外伤、躯体对称性、有无突起肿胀病变等。

2. 精神状态 兴奋或沉郁；对外界刺激的反应程度等。

3. 体态与运动 静止时姿态的异常或运动方式的变化等。

4. 疼痛与行为变化 是否存在烦躁不安等异常行为。

5. 局部外观异常 皮肤及黏膜颜色；体表有无肿物、溃疡、疱疹病变；口腔、鼻腔、泄殖腔有无异常分泌物等。

6. 某些生理异常 包括消化系统异常表现，如腹泻时要注意腹泻的次数、程度，排泄物的性质；呼吸系统异常表现，如呼吸困难、喘鸣、咳嗽、甩头等；神经系统异常表现，如昏迷、转圈、头颈观星状外观等。

（三）触诊

体表检查：被羽、泄殖腔周围、口腔及眼睛为首要检查项目，其次检查皮肤温度、皮肤弹性、身体营养状态、有无异常增生物，以及增生物的大小、质地、硬度等。

（四）听诊

主要听取大鸨有无异常呼吸音，如咳嗽、喘鸣等。同时可以借助听诊器听取心脏声音，判断心音的节律、强度、有无杂音等。

（五）叩诊

可以检查体腔及体表肿物，判断内容物性状。通过叩击关节检查其反射是否存在异常。

（六）嗅诊

主要针对病鸟口腔的臭味及其分泌物和排泄物带有的特殊味道等进行检查。

二、特殊检查

（一）影像学检查

主要以 X 线检查为主，要检查动物个体骨骼与关节、心、肺、肝胆、胃肠道、肾脏等内部组织器官的结构与变化。有条件的单位可以应用 CT 或 MRI 进一步检查。

（二）实验室检查

1. 血液学检查　从患病大鸨翅下或跗骨远端外侧后缘采集血液，加入 EDTA 抗凝管中，进行血液常规计数，制作血涂片进行细胞形态学检查，同时进行血凝时间检查。采集血液加入血液生化管中，对获取的血清样本进行血糖、血液生化、电解质及血气检查，还可以检查血液中的 C 反应蛋白及降钙素的水平。

2. 粪便常规检查

（1）取 2～5g 新鲜粪便于常用容器或其他合适容器中。

（2）加入 30～60mL 饱和盐水（也可用饱和硫酸锌或糖溶液）。

（3）加入少量 0.5mm 的玻璃珠，用力搅拌以混合或搅碎样本。

（4）弃去成块的粪便和碎屑。

（5）将滤液倒入平顶管，直至凸液面突出管口。

（6）在凸液面上盖上盖玻片，静置 15min。

（7）取下带有液体的盖玻片，液面朝下放在载玻片上镜检。

（8）4 倍物镜检查寄生虫、寄生虫卵和花粉颗粒，10 倍物镜检查可疑位置，观察更多细节。

3. 微生物学实验室检查

（1）病毒的分离鉴定　样本的收集与处理：①粪便样本。将 5g 粪便样本和 50mL PBS 放入盛有 20～25 颗玻璃珠的 100mL 无菌瓶中，搅拌成悬液，倒出上清液，3 000r/min，4℃离心 6min。②咽拭子和泄殖腔拭子。无菌拭子采集后浸入无菌离心管中，管中预先加入 2 mL 混有青霉素和链霉素的 PBS（最终浓度为 1 万 IU/mL）。检测时，将拭子中的液体挤出，3 000r/min，4℃离心 30min。③组织样本。用无菌研钵或组织研磨机处理组织样本，同时加入足量 PBS 制备成 20％的悬液，3 000r/min，4℃离心 30min。根据病毒的不同，选用敏感动物、鸡胚或离体细胞进行分离培养。对收获的病毒进行形态学、免疫学、分子生物学（PCR）鉴定（辛朝安，1997）。

（2）细菌的分离鉴定　无菌状态下采集组织样本，如心血、肝脏组织、肠道内容物、关节液等，染色显微镜下观察。根据细菌的不同选用合适的固体/液体培养基进行细菌的培养。对细菌培养物采用染色镜检、生化试验、16sRNA 测定、动物试验等方法进行鉴定。

4. 免疫学实验室检查　主要对血液中特殊抗原及抗体进行定性定量分析。如血凝与血凝抑制试验、中和试验、ELISA 试验等。

5. 病理学实验室检查

（1）病理解剖检查　对发病死亡的动物个体进行全面细致的病理剖检检查。

（2）病理组织学检查　对采集到的组织进行组织切片，观察病变部位的病理组织学变化。

（3）细胞学检查　主要针对肿物，采用细针抽吸组织进行细胞学检查。

第三节　疾病防治

人工饲养大鸨与野生大鸨在疾病发生上既有共性，也有较多不同。共性方面，由于大鸨生性胆怯，容易发生野生动物急性应激行为，可导致一系列疾病的发生。在一些传染性疾病的易感性上没有大的差别。不同的是，人工饲养大鸨虽然避免了野生状态下食物缺乏、人类捕杀、天敌危害等不利因素，但食物无法与野生状态下完全相同，易发生营养代谢性疾病。另外，由于人类活动的干扰，大鸨易出现撞到笼网、墙壁等危险行为，引起外伤，严重时导致骨折、内脏出血，甚至死亡。人工饲养条件下，大鸨与鼠类接触机会增多，增大了病原体感染的风险。

由于目前人工饲养大鸨数量有限，收集到的病例多为成年个体的发病情况。传染性疾病多发于气温变化明显的夏秋及冬春交替时节。人工饲养环境下，一般鸟类易感疾病通常也是大鸨易感疾病。目前人工饲养条件下大鸨疾病防治方面的研究较少，病例情况尚待进一步收集和研究。

一、基本原则

（一）消毒

以圈舍环境消毒为主，贯彻"预防为主，治疗为辅"的原则，制订预防性消毒、临时消毒、终末消毒工作计划，并严格执行。

（二）驱虫

每年普查 2 次寄生虫，结合临床发病情况，有针对性地选择驱虫药，驱杀大鸨体内外的寄生虫。

（三）免疫

按免疫程序，注射含有当地流行毒株的禽流感及新城疫灭活油佐剂疫苗。

（四）疾病监测与控制

针对常见疾病、多发疾病，结合既往病史进行监测。条件允许的单位可以开展大鸨个体的常规健康体检。制订各种疾病发生时的紧急处理预案及操作流程，并进行演练。

尽早查明病因，以正确的诊断结果指导治疗。治疗时坚持以下原则：

（1）对因治疗与对症治疗相结合，提高治疗效果，提高动物福利。

（2）口服用药优先，注射给药次之。注意观察，确保患病大鸨用药准确足量。

（3）根据实际情况判定，是否将患病个体隔离饲养、观察。

（4）治疗过程有完整的病历档案记录。

合理的临床护理，可以减少或避免致病因素的继续危害，增强机体的免疫力，加快各种正常机能的恢复。临床护理可分为基础护理和特殊护理两大类。基础护理主要包括：切断和消除致病因素的继续危害，提供舒适、清洁的生活环境，温度和湿度适宜，保持空气清新；用具清洁卫生；保证饮水充足、干净；提供适口性强、营养均衡的食物等。特殊护理是指针对各种疾病发展过程中的特点采取不同的护理措施，可分为外科疾病护理、内科疾病护理、寄生虫疾病护理和传染性疾病护理四大类。各类型的特殊临床护理因疾病和个体差异而有差别，需要结合实际情况，特殊处理。

二、传染性疾病

（一）禽流感

禽流感是由 A 型禽流感病毒引起的一种禽类的传染性疾病。该病毒属于正黏病毒科，家禽、水禽、野鸟均可感染。根据病毒血凝素和神经氨酸酶表面抗原的不同，可将病毒分为不同的亚型。目前在全世界各种家禽和野生禽类中，已经分离到上千株禽流感病毒，并已证明舍饲禽类在感染禽流感后，可出现亚临床症状、轻度呼吸系统疾病、产卵量下降或急性全身致死性疾病（甘孟侯，2002）。

【临床症状】涉及呼吸道、消化道、生殖道及神经系统，一般来说，没有特征性的症状。通常呈现体温升高，精神沉郁，饮食欲减少，消瘦，产卵量下降。呼吸道症状表现不一，如咳嗽、打喷嚏、呼吸啰音，甚至呼吸困难。患病个体流泪，羽毛松乱，身体蜷缩，头和颜面水肿，皮肤发绀，有神经症状及下痢。个别严重病例可出现突然死亡。以上症状可能单独出现，或几种同时出现。

【剖检变化】在病情较轻的病例中，病变往往不明显。可能会有轻度的窦炎，气管黏膜水肿并伴有分泌物，气囊炎，纤维素性腹膜炎及卵泡输卵管病变等。感染高致病性毒株时，因死亡迅速，可能观察不到明显的病变。部分毒株除导致头部水肿发绀外，内脏还可见全身浆膜及黏膜面的出血，如腺胃乳头、胰腺、心外膜及十二指肠出血。

【组织学变化】禽流感的特征性病理组织学变化为水肿、充血、出血和"血管套"的形成，主要表现在心肌、肺、脑、脾等，肝、脾及肾有实质性病变和坏死。脑的变化包括从轻微到严重的非化脓性脑炎。同时还伴有严重的坏死性胰腺炎和心肌炎。

【诊断】由于禽流感的临床症状变化较大且无典型性，确诊需要依靠病原学或血清学的鉴定。现阶段可采用免疫胶体金技术、血凝与血凝抑制试验、PCR 检测技术等进行病毒的诊断。

【防控】针对禽流感尚无可靠的特异性治疗方法，以预防为主，避免发病。防止外源病毒的进入，避免接触野鸟，强化消毒工作。接种疫苗，检测抗体效价，及时采用含当地流行毒株的疫苗。

（二）新城疫

新城疫是由新城疫病毒引起的急性、高度接触性传染病。禽副黏病毒目前已经鉴定了 9 个亚型，新城疫病毒属于Ⅰ型副黏病毒。

【临床症状】包括典型和非典型新城疫。

（1）典型新城疫　无临床症状，突然出现急性死亡。死亡病例出现后，发病个体增加，表现为精神沉郁、头颈蜷缩，食欲废绝；体温升高，饮水增加，随病情发展逐渐废饮；十二指肠及整个肠道黏膜充血、出血，还可观察到卵黄蒂前后 10cm 肠道黏膜上枣核样溃疡灶；泄殖腔充血、出血、坏死、糜烂，带有粪污；喉气管黏膜充血、出血；心冠状沟脂肪出血；输卵管充血、水肿。

（2）非典型新城疫　大多可见喉气管黏膜不同程度充血、出血；输卵管充血、水肿；早期病例消化道症状轻微，仅在后期病死个体中发现少量消化道出血病灶。

【组织学变化】大部分脏器均有血管充血、出血的病变，消化道黏膜血管充血、出血，喉气管、支气管黏膜纤毛脱落，血管充血、出血，有大量淋巴细胞浸润；大脑、中脑等中枢神经系统见典型的非化脓性脑炎，神经元变性，血管周围有淋巴细胞和胶质细胞浸润形成的血管套。

【诊断】仅凭症状和病变很难做出准确的诊断，需要进行病毒分离和鉴定或者其他实验室诊断才能确诊（寿晓玲，2003）。

【防控】新城疫是危害严重的禽病，必须认真执行预防传染病的总体卫生防疫措施，以减少暴发的危险。免疫接种是预防新城疫的有效手段。免疫接种后，须定期对免疫效果进行检测和分析。

寿晓玲（2003）报道了1例大鸨感染病例，2001年9月杭州动物园从外地引进4只大鸨，其中2只（1号、2号）于2003年3月突然死亡，笼舍内到处散落羽毛；另外2只（3号、4号）先后废食，精神委顿，便稀薄，双腿不时震颤，死前1h左右出现神经症状：站立旋转，行走不稳，头颈向左后仰，呈观星状，不时抽搐，偶尔出现甩头症状。体温41.7～42℃，病程12～24h。

（1）尸体剖检　1号、2号病例呈急性，心脏、心内外膜有出血点；十二指肠至直肠黏膜严重出血；其中2号卵巢处有一未成形蛋，无蛋壳，蛋清凝固，切面乳白色。对3号进行解剖发现，外观无任何异常；大脑组织呈针尖状出血点，小脑组织出血严重；心脏冠状沟、心尖、喉头严重出血；气管黏膜充血、出血；腺胃黏膜、肠黏膜呈严重出血点（斑），有的形成糜烂溃疡灶，部分病灶覆盖淡黄色纤维素性伪膜，直肠和盲肠黏膜尤为突出，并呈典型"岛屿状"隆凸于黏膜表面，大小不一；胰腺散布白色坏死点、出血点。4号大鸨送浙江省农业科学院畜牧兽医研究所进行尸体解剖，结果显示大脑组织、小脑组织呈针尖状出血点；心脏冠状沟、心尖、喉头有出血点；气管黏膜充血、出血，大量纤维素性渗出物融合成管状或片状，游离于气管中；腺胃黏膜有出血点或斑；十二指肠至直肠黏膜严重出血；胰腺散布白色坏死点、出血点。

（2）实验室检查情况　直接心脏采血进行血液生化检查。天门冬氨酸基转移酶（1 651U/L）、甘油三酯（320mg/dL）、肌酸激酶（3 524U/L）均比参考最大值高出 4～10 倍。细菌分离采集心血及肝脏组织接种营养琼脂平板，37℃孵育 24～48 h，未见细菌菌落生长。采集 3 号部分大脑组织进行病毒分离和鉴定。

（3）研究分析　从临床表现和解剖特点，结合血液生化和病毒鉴定结果可确诊为禽Ⅰ型副黏病毒感染。病毒传染源分析：动物园为开放性单位，不排除从游客身上带来病毒；4 月从外地飞入杭州动物园的游禽较多，也不能排除携带病毒入园的可能性；而且杭州动物园内孔雀采取散养方式，能自由进出大鸨笼舍，不能排除空气传播和接触传播。禽Ⅰ型副黏病毒对游禽类、雉鸡类，尤其是鸭、鹅较敏感，但此次只有大鸨发病。分析原因可能是大鸨属北方地区动物，迁至南方未完全适应当地气候，对病毒较为敏感，抵抗力较差，从而导致发病。

（三）禽痘

禽痘是由禽痘病毒引起的一种急性、接触性传染病。

【临床症状】皮肤型主要在机体无毛或羽毛稀少的部位，特别是在头部、眼睑和喙角等处，形成一种灰白色的小结节，渐次成为带红色的小丘疹，很快增大如绿豆大痘疹，呈黄色或灰黄色，凹凸不平，形成干硬结节。一般存留 3～4 周。全身症状很少出现，多发于成年或老年个体。黏膜型又称为白喉型，主要侵袭口腔、咽喉和气管黏膜表面。引起呼吸和吞咽障碍，严重时嘴无法闭合，张口呼吸，发出嘎嘎声。由于采食困难，体重迅速减轻，精神沉郁，最终窒息死亡，多发于幼龄个体。混合型禽痘是指皮肤和口腔黏膜同时发生病变，病情较严重，死亡率较高。

【剖检变化】黏膜型禽痘可见口腔黏膜、舌周围黏膜上有多量白色结节，喉头内有多量黄白色干酪样物，喉头部有增生。气管充血，有少量黄白色干酪样物（李秀云，1996）。

【组织学变化】可见病变皮肤或黏膜上皮细胞肿大、增生和特征性的细胞胞浆包涵体。

【诊断】根据临床症状、病理变化及组织学变化可初步诊断，确诊需要进行病毒的分离与鉴定或血清学试验。

【防控】尚无特效的治疗药物，主要是对症治疗，减轻症状和防治继发感染。预防须做到以下两点：

（1）加强圈舍卫生消毒，减少不良应激。

（2）预防接种可以获得特异性的预防效果。目前用于预防本病的疫苗主要有鸡痘病毒鹌鹑化弱毒疫苗、鸡痘鸡胚化弱毒疫苗和鸽痘病毒疫苗。接种方法主要有翼翅刺种法和毛囊刺种法。接种后7～10d产生免疫力，保护期一般为半年。

（四）葡萄球菌病

葡萄球菌病是一种禽类急性或慢性传染病，可引起急性败血症、关节炎、幼雏脐炎、皮肤坏死和骨髓炎。大鸨常见脚掌部关节炎。

【临床症状】脚掌关节及周围组织发生炎性肿胀，呈紫红色或紫黑色。多数可见趾瘤，脚底肿大。跛行，不愿站立或站立困难，常蹲伏或侧卧，采食量下降后逐渐消瘦，最后死亡。个别病变脚趾坏死，脱落。

【病理变化】病变关节肿大，关节囊内有浆液性或纤维素性渗出物，病程长的慢性病例，可见脓性或干酪样坏死，甚至可见结缔组织增生和畸形。

【诊断】根据临床症状和病理变化可初步诊断，确诊需要进行细菌学试验。

【防控】针对早期病例可采用积极的抗生素治疗。对于已经出现趾瘤的病例治疗效果不佳。预防主要包括强化环境卫生消毒，避免与鼠类接触；避免外伤的发生，减少感染机会；适当补充维生素，防止脚掌部皮肤干裂，引起感染。

（五）巴氏杆菌病

巴氏杆菌病（禽霍乱）是危害大鸨健康的一种重要的细菌性传染病。巴氏杆菌在环境中分布很广，传播途径比较复杂，从外界引入带菌动物、园内野鸟、鼠类等都可带菌传播。

【临床症状】最急性型无明显症状，突然死亡。急性型临床常见，体温升高至 43～44 ℃，食欲减弱或废绝，精神沉郁，呼吸困难，口鼻可见泡沫状黏液；伴有剧烈腹泻，呈灰黄色、污绿色或红色液体；最后衰竭死亡。

【剖检变化】最急性型看不到明显的变化，仅见肝脏表面有少量大头针帽大小的灰黄色或灰白色的坏死点。急性病例，鼻腔有黏液，全身脂肪组织可见出血点。肝脏呈棕红色或棕黄色或紫红色，肿大质脆，肝表面有大量针帽大小或小米大小的灰白色或灰黄色的坏死点。肠黏膜充血，有出血灶，尤其是十二指肠最为严重，肠黏膜红肿，有出血点，肠内容物含有血液，有时可见有黄色纤维素样物覆盖在肠黏膜上。呼吸道和肺脏有充血或出血。心外膜上有出血点，心包内有淡黄色液体，并混有纤维素，心冠状沟和心内膜可见大小不等数量不一的出血点（文英，2014）。

【诊断】根据临床症状和剖检变化可做出初步诊断，确诊需要进行实验室诊断，微生物学检查是确诊禽霍乱的可靠办法。

【防控】

（1）加强饲养管理水平，避免不良因素的刺激，使动物机体保持较强的抵抗力。

（2）强化日常卫生消毒工作，妥善处理粪便及其他废弃物。

（3）免疫接种禽霍乱疫苗，有条件的单位可以根据实际感染情况制备自家菌苗。

（4）药物治疗，青霉素、链霉素、磺胺类药物和氟哌酸等对本病均有较好的治疗效果。建议在获取药敏试验结果的基础上合理选择用药，避免耐药菌株的产生。

（六）大肠杆菌病

大肠杆菌病是由某些致病血清型或条件致病性大肠埃希氏杆菌

引起的禽类不同疾病的总称。

【临床症状】无特征性临床症状，临床表现与其感染的日龄、时间、组织器官以及是否并发其他疾病有关。一般表现为精神沉郁，食欲下降，羽毛粗乱，消瘦。侵害消化系统时会出现腹泻，排绿色或黄绿色稀便。侵害呼吸系统时会出现呼吸困难，黏膜发绀。侵害关节会表现感染部位肿大，化脓灶，同时出现跛行。侵袭脑组织时，出现神经症状，表现为头颈震颤，角弓反张，阵发性发作。

【病理变化】侵害部位不同，病理变化也不相同。可出现纤维素性心包炎，肝周炎；气囊混浊，壁增厚，可见黏稠的黄色干酪样分泌物；腹膜充血、出血，肠黏膜变厚；脑膜充血、出血，脑实质水肿。

【诊断】根据临床症状和病理变化，如纤维素性心包炎、肝周炎可做出初步诊断。确诊还需要进行细菌的实验室分离和鉴定。

【防控】大肠杆菌病病因复杂，需要采取综合防治措施才能有效控制。

（1）加强饲养管理，注意环境卫生消毒。

（2）搞好常见疾病的免疫，尤其是新城疫和禽流感需要特别注意。

（3）疫苗免疫：可选择商品化的大肠杆菌疫苗，或者根据实际发病动物体内分离的致病性大肠杆菌菌株，制备自家灭活菌苗。

（4）根据药敏试验结果选择药物进行治疗和预防。

（七）曲霉菌病

常在幼龄大鸨中引起急性暴发，发病率和死亡率均很高。成年大鸨感染多为散发，以组织器官（肺和气囊）发生炎症和小结节为特征。临床以成年大鸨感染多见。

【临床症状】精神沉郁，食欲减退，进行性消瘦，呼吸困难，皮肤、可视黏膜发绀，有时伴有腹泻或神经症状。

【病理变化】病变主要集中在肺和气囊，常可见到小米粒至绿豆粒大小、黄白的干酪样结节，质地较硬，切面可见层状结构。有时也会出现在气管和支气管，甚至扩散到肝脏、心脏、肾脏、脾脏等器官。

【诊断】确诊需进行微生物学检查和细菌的分离鉴定。

【防治】

（1）制霉菌素、硫酸铜溶液和碘化钾等几种药物具有较好的治疗效果。

（2）避免使用发霉饲料和垫料是预防本病的关键。

三、寄生虫性疾病

（一）虱

禽虱为食毛目长角羽虱科和短角羽虱科的一些虫体，分布较广，是人工饲养大鸨常见的一种体外寄生虫。

【临床症状】禽羽虱啮食大鸨羽毛和皮屑，刺激皮肤神经末梢，引起瘙痒。患鸨常用喙啄羽毛和皮肉，导致羽毛断折脱落，皮肤损伤发炎。精神不安，食欲不佳，消瘦，生长发育阻滞。个别还出现机体麻痹无法站立。

【诊断】根据鸨体发痒、羽毛断折脱落，并在体表毛根和羽毛上见到灰色或淡黄色的虱子即可诊断。

【防治】

（1）消灭圈舍内的虱，采取药物与火焰消毒相结合的方法，对环境中的虱和虫卵进行彻底消杀。

（2）消灭鸨体上的虱，可采用喷粉、沙浴或药浴等方式。

（3）经常更换圈舍内沙土浴中使用的沙土，能够起到一定的预防作用。

（二）蛔虫

蛔虫病是大鸨常见的一种寄生虫病，主要寄生在小肠内。在地面饲养的群体感染往往较为严重，影响幼体的生长发育，严重的可引起死亡。

【临床症状】蛔虫感染对幼体的影响很大，大量的幼虫感染进入十二指肠黏膜，引起急性出血性肠炎。当幼体缺乏维生素 A 和

B 族维生素时，感染和发病更为严重。成年大鸨常为慢性感染，表现为消瘦、精神沉郁、生长发育阻滞和产卵障碍。严重感染时，虫体聚集成团，可造成肠道堵塞。

【诊断】对粪便用饱和盐水漂浮法检查虫卵。

【治疗】

（1）左旋咪唑每千克体重 20～25mg，拌入饲料中一次性口服。

（2）阿苯达唑每千克体重 10～20mg，拌入饲料中一次性口服。

白城森林动物园将阿苯达唑加在窝头里饲喂大鸨，一个疗程后进行粪便复检，治疗效果明显。天津市动物园曾发现，救护的大鸨粪便稀、带有虫体，使用阿苯达唑、伊维菌素预混剂和盐酸左旋咪唑片进行驱虫，效果明显。

【预防】

（1）加强饲养管理，提高机体免疫力，适当添加维生素 A 和 B 族维生素。

（2）定期进行粪便寄生虫检查，根据检查结果投喂驱虫药物。

（三）绦虫

大鸨绦虫病是由绦虫寄生于大鸨小肠引起的一种寄生虫病。一方面，虫体破坏肠黏膜的完整性，引起肠壁的结节和炎症；另一方面，虫体的代谢产物可引起神经症状。

【临床症状】轻度感染时症状不明显。感染严重时，消化障碍，粪便常稀薄或混有血样黏液；消瘦；被毛逆立，双翅下垂；有时可见眼睑及口腔可视黏膜苍白等贫血症状。有时可见神经症状。

【诊断】在粪便中找到白色小米粒样的孕卵节片即可确诊。

【防治】

（1）驱虫：阿苯达唑每千克体重 10～20mg，拌入饲料中一次性口服。

（2）加强饲养管理，提高机体免疫力。

（3）定期进行粪便寄生虫检查，根据结果投喂驱虫药物。

（四）球虫

球虫病是分布很广且危害极大的一种原虫病，虫体在肠道寄生繁殖，导致肠道组织损伤，引起消化吸收障碍，腹泻脱水，失血，同时导致机体抵抗力下降。大鸨饲养中常见慢性感染，症状比较轻缓。

【临床症状】球虫病的发生受饲养管理条件和球虫的种类、致病力及感染程度影响。发病大鸨食欲减退，饮水增加，排绿色稀便，继而出现明显的脱水和消瘦症状。严重时可见血性下痢，发病大鸨消瘦、虚弱，精神倦怠，麻痹，最终因衰竭或肠道上皮细胞破坏后继发细菌感染导致死亡。

【病理变化】主要以卡他性或出血性肠炎为特征。

【诊断】根据症状和病理变化怀疑为球虫病时，应通过显微镜检查粪便，若发现球虫卵囊，或肠黏膜刮取物抹片，镜检发现球虫裂殖体时方可确诊。

【防治】

（1）提倡早期给药预防，常用的治疗药物有磺胺二甲嘧啶、磺胺喹噁啉、磺胺氯吡嗪、妥曲珠利等。预防用抗球虫药物有尼卡巴嗪、球痢灵、氯苯胍、常山酮、地克珠利、莫能菌素等。为了避免耐药性的产生，临床上可采用轮换用药、穿插用药和联合用药的方法进行给药。同时磺胺类药物使用时要注意其毒性作用。近两年应用拜耳公司生产的"百球清"效果比较确实。

（2）疫苗预防方面已经有商品化球虫疫苗可供使用。

（3）同时应该采取综合性措施，加强饲养管理，注意环境卫生消毒，尤其是对粪便的处理要格外重视。饲料中要补充维生素 A 和维生素 K。

（4）定期对粪便进行寄生虫检查。

四、代谢性疾病

（一）痛风

痛风是由于嘌呤代谢紊乱和（或）尿酸排泄障碍所导致的代谢

性疾病。痛风是一种尿酸血症，尿酸大量蓄积在血液，造成血液中尿酸水平增高，关节囊、关节软骨和软骨周围组织、内脏和其他间质组织中尿酸盐沉积。

目前认为，日粮中蛋白质过高和肾脏功能障碍为主要病因。同时维生素 A 和维生素 D 缺乏、饲料中钙磷比例失调、饮水不足、运动不足等都可促使发病。

根据临床症状和病理变化可分为内脏型和关节型痛风两种，其中以内脏型多见。

【临床症状】

内脏型：病鸨精神沉郁，食欲不振，消瘦，贫血，羽毛松乱或脱毛；排稀便，内含白色尿酸盐，泄殖腔充血、松弛，周围羽毛沾污，脱水，急性死亡。

关节型：运动障碍，腿、趾及翅膀关节显著肿大、疼痛，跛行，多蹲卧。

【病理变化】

内脏型：肾脏肿大，色淡，肾小管增粗，蓄积多量尿酸盐，呈花斑状；输尿管变粗，内含石灰样物质。心脏、肝脏、脾脏、肺脏、心包、胸膜、肠系膜、腹膜等处表面散布一层白色絮状物。

关节型：肿大的关节内可见白色黏液，关节面及周围组织也可见到半液体状白色尿酸盐，形成痛风石。

【诊断】根据病史、临床症状和病理变化可建立初步诊断，必要时可进行血尿酸的检测，有助于进一步确诊。

【防治】本病目前尚无有效的治疗方法，主要以预防为主。

（1）控制饲料中蛋白质的含量。

（2）注意避免或减少各种可能引起痛风的因素。

（二）维生素 D 缺乏

维生素 D 主要有维生素 D_2 和维生素 D_3 两种，其中维生素 D_3 是大鸨皮肤内的 7-脱氢胆固醇经日光紫外线照射而生成，并储存在肝内。饲料中维生素 D 含量不足，饲料调制不当及缺乏阳光照射是人工饲养大鸨维生素 D 缺乏的最常见原因。维生素 D 可促进钙、磷的吸收和调节钙、磷的代谢过程。当维生素 D 缺乏时，肠道对钙的吸收减少，磷的吸收率下降，血钙浓度下降，反射性地刺激甲状旁腺，使之分泌甲状旁腺素增加。在甲状旁腺素的作用下，骨迅速脱钙进入血液，以维持血钙水平。同时，甲状旁腺素抑制肾脏对磷的重吸收，使磷进一步从尿中丢失，血磷下降，导致血钙血磷均下降，因而钙、磷向骨骼的沉积能力也降低，影响骨骼生长，而且由于破骨作用增强，骨样组织增多，幼鸨会出现佝偻病，在成年大鸨中会发生骨质软化。

【临床症状】幼龄大鸨精神不振，羽毛蓬乱，生长阻滞；双腿无力，运动异常，喜蹲卧，呈企鹅状，不能站立，两脚叉开呈"八"字状；喙变软弯曲，采食困难。成年大鸨病程越长，症状越严重，两脚无力，呈蹲坐状；喙、爪、腿骨变软，严重的胸骨、肋骨变软弯曲。

【病理变化】幼龄大鸨主要病变是骨骼变形、变软，易弯曲，关节肿大，肋骨与肋软骨结合处肿大呈串珠状，胸骨与骨盆骨弯曲变形。

【诊断】通过病史调查，临床症状和病理变化，可做出诊断。结合血清钙、磷的检测有助于对本病的确诊。

【防治】

（1）提供含有维生素 D 的饲料，对于室内饲养的大鸨可补充维生素 D 制剂。

（2）注意饲料中钙磷比例。

【治疗】出现维生素 D 缺乏的病鸨，可在饲料中添加鱼肝油。严重的病鸨需要肌内注射维生素 D_3 注射液，注射量为每千克体重 1 万～1.5 万 IU。

（三）胆碱缺乏症

本病是由于胆碱缺乏而引起脂肪代谢障碍，使大量的脂肪在禽类肝脏内沉积所致的脂肪肝病，或称脂肪肝综合征。

【临床症状】雏鸨往往表现为生长停滞，腿关节肿大，突出的症状是骨短粗症。跗关节初期轻度肿胀，并有针尖大小的出血点；

后期因跗骨的转动，胫跗关节明显变平。由于跗骨扭转而变弯曲或呈弓形，以致离开胫骨而排列。患病雏鸟由于行动不协调，关节灵活性差，发展成关节变弓形，或关节软骨移位，跟腱从髁头滑脱出来，不能支持体重。

【病理变化】剖检病死的大鸨时，可见肝脏肿大，色泽变黄，表面有出血点，质脆。有的肝脏被膜破裂，甚至发生肝破裂，肝脏表面和体腔中有凝血块。肾脏及其他器官有脂肪浸润和变性。生长期的鸨在缺乏胆碱时，肉眼即可看到胫骨和跗骨变形、跟腱滑脱等病理变化。

【防治】本病以预防为主，针对病因采取有力措施可以预防发病。若雏鸟已经发现有脂肪肝病变、行步不协调、关节肿大等症状，治疗可在每千克日粮中加氯化胆碱 1g、维生素 E 10IU、肌醇 1g，连续饲喂；或给每只雏鸟每天喂氯化胆碱 0.1～0.2g，连用 10d，疗效尚好。若病鸨已发生跟腱滑脱，则治疗效果较差。

（四）锰缺乏症

锰是动物体必需的微量元素，大鸨对这种元素的需要量很高，对缺锰最为敏感，易发生锰缺乏，以骨短粗为主要特征。

主要的病因是由于日粮内锰元素的缺乏。玉米和大麦含锰量较低。在低锰土壤中生长的植物含锰量也低。一般禽类日粮中锰需要量为每千克日粮 60mg。然而，不同品种的禽类对锰的需要量也有较大的差异。重型品种比轻型的需要量多。其次，锰缺乏也可能是由于机体对锰的吸收发生障碍所致。饲料中钙、磷、铁及植酸盐含量过多，可影响机体对锰的吸收和利用。高磷酸钙的日粮会加重禽类锰的缺乏。当锰元素被固体的矿物质吸附时，可造成可溶性锰减少。禽类患球虫病等胃肠道疾病时，会妨碍对锰的吸收利用。饲养的密集条件等也是本病发生的诱因。

【临床症状】病幼鸨的特征症状是生长停滞，骨短粗。胫骨下端至跗关节处骨质变形及增大，胫骨下端和跗骨上端弯曲扭转，使腓肠肌腱从跗关节的骨槽中滑出而呈现脱腱症状。病鸨腿部弯曲或扭曲，腿关节扁平而无法支持体重，将身体压在跗关节上。严重病例多因不能行动，无法采食而饿死。

【病理变化】因本病死亡鸨的骨骼短粗，管形骨变形，骺肥厚，骨板变薄，剖面可见密质骨多孔，在骺端尤其明显。骨骼的硬度尚良好，相对重量未减少或有所增多。

【诊断】根据病史、临床症状和病理变化可做出诊断。若要做出确切诊断，可对饲料、鸨器官组织的锰含量进行测定。

【防治】为防治雏鸟骨短粗症，可于 100kg 饲料中添加 12～24g 硫酸锰，或以 1∶3 000 的高锰酸钾溶液作为饮用水，每日更换 2～3 次，连用 2d，间隔 3d 以后再用 2d。糠麸为含锰丰富的饲料，每千克米糠中含锰量可达 300mg 左右，用此调整日粮也有良好的预防作用。

注意补锰时需防止锰中毒，禽类对锰的最大耐受量（以日粮为基础）为 300mg/kg，高浓度的锰可降低血红蛋白和红细胞压积，以及肝脏铁离子的水平，导致贫血，影响雏鸟的生长发育。过量的锰对钙和磷的利用有不良影响。

五、外科病

（一）创伤

创伤是因锐性外力或强烈的钝性外力作用于机体组织或器官，使受伤部位皮肤或黏膜出现伤口及深层组织与外界相通的机械性损伤。

【临床症状】创伤一般表现有出血、创口裂开、疼痛、机能障碍、化脓及肉芽形成等局部症状，重症创伤会出现全身性症状，如体温升高，呼吸、脉搏改变，食欲减退，精神沉郁等，甚至发生创伤性休克。人工饲养大鸨创伤多为受惊吓后在圈舍内盲目运动导致，也有因争斗引发的创伤，多为翅膀和头面部的创伤，表现为出血、皮肤及软组织缺损。也可因为发现不及时导致创口感染，引起感染性损伤。

【诊断】根据临床表现可初步诊断，尚需对创口进行细致检查，尤其是感染创口。针对严重创伤如咬伤，还需进行辅助检查，如 B

超及 X 线检查等。

【防治】

（1）避免过度刺激引起大鸨受惊。

（2）对受伤大鸨，充分止血后应立即使用抗生素，预防化脓性感染，同时积极处理受伤创口，使污染创口变为清洁创口，创口较大的需要进行外科缝合。

（3）加强饲养管理，增强机体抵抗力，促进伤口愈合。对严重创伤的大鸨，应给予高蛋白饮食和补充维生素。

（二）骨折

在外力的作用下，骨的完整性或连续性遭受机械性破坏称为骨折。人工饲养大鸨多数由于奔跑中扭闪、急停或滑倒，发生四肢骨或椎骨骨折，或者由于翅膀或下肢嵌夹在圈舍缝隙中，因急速旋转而发生骨折。

【临床表现与病理变化】骨折的特有症状包括：

（1）肢体变形　骨折两断端因受伤时的外力、肌肉牵拉力和肢体重力的影响，造成骨折断端移位而引起肢体变形。

（2）异常活动　正常情况下，肢体完整而不活动的部位，在骨折后负重或做被动运动时，出现屈曲、旋转等异常活动。

（3）骨摩擦音　骨折断端相互触碰，可听到骨摩擦音或有骨摩擦感。

其他症状：可见出血和肿胀；疼痛；功能障碍等。

全身症状：严重的骨折伴有内出血、肢体肿胀或严重感染时，可并发急性大出血和休克等一系列综合症状。

临床观察发现，相较于翅膀骨折，下肢骨折往往预后不良。

【诊断】根据病史和临床症状可建立初步诊断。常使用 X 线检查了解骨折具体情况，判断骨折的类型和程度。

【防治】

（1）饲养中要严格减少引起大鸨应激的不良刺激因素，避免引起骨折。

（2）治疗　骨折时可根据个体状态、骨折部位、骨折类型等情况制定个体化治疗方案。翅膀骨折如无严重继发感染，往往预后尚可。发生在下肢的骨折：股骨骨折可考虑内固定技术；胫骨和跗骨骨折可考虑使用外固定支架技术。由于大鸨下肢的特殊结构（骨壁薄、骨周围组织薄），骨质固定技术难度大，预后多数不良。应用抗生素预防感染。同时补充富含维生素 A 和维生素 D 的钙制剂（彭广能，2009）。

六、其他疾病

（一）肌胃梗阻

1～20 日龄是大鸨育雏的关键期。首先，要掌握大鸨的消化系统的结构及功能，饲料一定要搭配得科学合理。大鸨盲肠特别发达，刚孵出的雏鸟盲肠长达 80～100mm，成年为 600～750mm。在饲养过程中，由于经验不足，给雏鸟投喂过量的动物性饲料，可能造成消化功能紊乱，出现排稀便、血便以致重度的肠炎，最后脱水致死。由于过度地人工控制食量，雏鸟总有饥饿感，在外运动场吃大量的异物如沙砾、树叶、干树枝、青草等也可造成肌胃梗阻，主要表现为肌胃臌胀，手感较硬，雏鸟没有食欲，精神萎靡不振，不时地甩头并发出一种低而粗的叫声。因此，在育雏时，一定要注意谷物饲料的配比，特别是豆类，如黄豆、豆饼要泡好再饲喂，绿豆粉要加工熟再饲喂，防止消化不良引起的消化系统疾病。

（二）翘翅

翘翅是人工育雏的过程中雏鸟翅膀的初级飞羽外翻的现象。在野生情况下，雏鸟出生后 24h 就可随成鸟在草丛中行走及寻找食物。雏鸟在草丛中穿梭的过程对翅膀的羽毛生长起到理顺和摩擦作用，因而野生大鸨很少出现翘翅的现象。若人工饲养环境单一，缺少草丛，雏鸟翅膀的初级飞羽易发生外翻，在雏鸟 15～35 日龄时每天人工理顺和按摩初级飞羽 1～2 次，按照羽毛生长顺序理顺按摩 7～10d，这种现象就会自然消失；或用绷带和胶布将初级飞羽固定在肱骨上 7～10d，也能避免这种现象发生。人工按摩时，注意不要损伤翅膀，以免造成终生的残疾。

第四章　大鸨迁地保护历史及救护案例

第一节　研究进展

　　大鸨是世界关注的濒危鸟类。我国关于大鸨的学术研究起步较晚，截至 20 世纪末，鸨类的研究文章仅 60 余篇。20 世纪 90 年代末开始，大鸨研究进入了一个新的发展阶段，研究方向不仅有大鸨的野外种群分布现状，还有大鸨的迁地保护，尤其开始了大鸨人工孵化、育雏等方面的研究，文献数量大幅增加，截至 2024 年 6 月，中英文研究文献 339 篇，其中中文文献 204 篇、英文文献 135 篇。文献的具体研究方向和数量见表 4-1。

表 4-1　大鸨研究文献统计（篇）

研究方向	波斑鸨（中文）	指名亚种（中文）	东方亚种（中文）	波斑鸨（英文）	印度鹭鸨（英文）	指名亚种（英文）	东方亚种（英文）
科普			65		2	3	
综述		4	18		2	8	
饲养	1						
繁殖行为		1	36	1		21	5
栖息地选择		1	1	3		8	1
种群越冬			30				4
种群动态			2		1	19	
种群分布			1				
种群迁徙		1				4	2
种群遗传			10		1	7	3

（续）

研究方向	波斑鸨 （中文）	指名亚种 （中文）	东方亚种 （中文）	波斑鸨 （英文）	印度鹭鸨 （英文）	指名亚种 （英文）	东方亚种 （英文）
重引入						6	
景观生态						6	
组织解剖		1	14				2
生理						1	1
食性						10	2
消化代谢			4				
肠道微生物						1	1
重金属检查			3				
救护			11			6	1
性别鉴定						2	
行为						1	
合计	1	8	195	1	9	103	22

注：统计截至 2024 年 6 月。

第二节　人工饲养历史

　　我国大鸨的人工饲养主要是在各地的动物园、繁育中心及保护区开展，20 世纪 50 年代，最早开始尝试人工饲养大鸨。野外救护的大鸨，很难适应人工饲养环境，应激反应大，不能自主取食，很难饲养成活。经过多年的实践和摸索，在 20 世纪 70 年代末，上海动物园采用静脉输液补充葡萄糖和强制填食的方法，使得野生大鸨饲养成活，成活率在 80% 左右。大鸨人工繁育在 20 世纪 80 年代末初见成效，哈尔滨动物园和白城劳动公园都进行过大鸨雏鸟的饲养，但成活率很低，仅为 40%～50%（田秀华，2001）。20 世纪 90 年代，国内各动物园及繁育中心全面开展了大鸨迁地保护的研究，2001 年，哈尔滨北方森林动物园（原哈尔滨动物园）人工孵化及育雏大鸨取得突破，雏鸟成活率达 90%。同年，北京大兴濒危动物繁殖中心也成功繁殖 2 只大鸨雏鸟（成活 40d）。2005 年和 2009 年，长春市动植物公园大鸨繁育成活。不同年份我国大鸨人工饲养情况见表 4-2。

表 4-2　不同年份中国大鸨人工饲养情况统计（只）

单位名称	1998 年	2000 年	2008 年	2017 年	2019 年	2021 年	2023 年	备注
乌鲁木齐动物园*	14	5	0	0	0	0	0	放归 10 只，其他应激死亡
上海动物园	7	6	1	0	0	0	0	自然和外伤死亡
上海野生动物园	15	15	3	0	0	0	0	应激死亡
北京动物园	8	5	6	1	1	0	0	自然和应激死亡
北京濒危动物繁殖中心	7	6	1	1	1	1	1	应激死亡
天津市动物园	1	0	5	0	1	1	0	
秦皇岛野生动物园	4	0	0	0	0	0	0	
广州动物园	1	3	0	0	0	0	0	消化道疾病死亡
长沙野生动物繁殖中心	4	0	0	0	0	0	0	不适应环境、应激死亡
无锡动物园	2	3	1	0	0	0	0	不适应环境、应激死亡
武汉动物园	0	6	0	0	0	0	0	不适应环境、应激死亡
沈阳动物园	6	2	1	0	0	0	0	应激死亡
长春市动植物公园	42	42	20	15	12	8	7	因老龄、外伤死亡
白城森林动物园	7	7	8	0	0	0	0	应激死亡

（续）

单位名称	1998年	2000年	2008年	2017年	2019年	2021年	2023年	备注
吉林江南公园	14	0	0	0	0	0	0	应激或消化道疾病
齐齐哈尔龙沙公园	4	3	0	0	0	0	0	肠道疾病、应激死亡
哈尔滨北方森林动物园	46	40	1	3	1	1	1	多数因动物园搬迁应激死亡
徐州动物园	4	0	2	0	0	0	0	应激死亡
兰州动物园		2	1	4	4	4	2	2021年搬迁至兰州野生动物园
兰州野生动物园				0	0	4	2	
呼和浩特大青山动物园			9	1	1	0	0	应激死亡
石家庄市动物园		20	11	0	3	1	0	应激死亡
保定市动物园				5	6	4	4	
银川动物园				1	2	2	2	
太原动物园			2	1	2	3	3	应激死亡
佳木斯水源山公园	0	0	4	0	0	0	0	应激死亡
合计	182	165	76	32	33	24	20	

注：数据引自田秀华（2001）、卢小琴（2011）及《中国动物园协会大鸨谱系簿》；*乌鲁木齐动物园大鸨为指名亚种。

由于大鸨自身生物学特性、饲养技术、环境设施等因素的限制，种群数量呈逐年下降的趋势，我国目前尚未建立稳定的人工饲养种群，需要在大鸨迁地保护方面有所突破。

1996—2000年，在人工饲养条件下，哈尔滨北方森林动物园、长春市动植物公园、上海动物园等6家饲养单位的大鸨共计产卵77枚，见表4-3（田秀华，2001）。2001年、2005年和2009年，哈尔滨北方森林动物园、长春市动植物公园有大鸨繁殖记录。2009—2023年，仅长春市动植物公园有大鸨产卵记录，但卵未受精。

表4-3　中国动物园大鸨繁殖产卵情况统计（枚）

动物园	乌鲁木齐动物园*	白城森林动物园	北京濒危动物繁殖中心	长春市动植物公园	哈尔滨北方森林动物园	上海动物园	合计
1996年	2						2
1997年		1	1				2
1998年		4	4	12	3		23
1999年		2	3	5	9	8	27
2000年		0	3	8	12	0	23
合计	2	7	11	25	24	8	77

＊乌鲁木齐动物园大鸨为指名亚种。

第三节　救护的发展现状

为了更好地保护濒危野生动物，全国各省市成立了野生动物救护中心。动物园和救护中心积极开展救护、放归等工作，为保护大鸨作出贡献。其中，河北沧州市野生动物救护中心，在2002年1月至2009年4月，救助大鸨55只，康复放归10只，2003—2023年累计救助大鸨120多只（孟德荣）。通过询问调查和网络查询，笔者团队统计了2002年1月至2024年6月大鸨救护信息，全国14个省（自治区、直辖市）共计救护大鸨364只（表4-4），详细的救护信息见附录。救护数量排名前 3 位的依次为河北省、内蒙古自治区和陕西省,占救护总数的 75.8%。2016 年之前,全国每年救护数量为几只至十几只。自 2017 年开始,每年救护数量为 20～30 只,呈上升趋势。这表明我国对大鸨保护的重视程度和保护力度不断提高。

表 4-4　2002 年至 2024 年 6 月部分地区大鸨救护数量(只)

地区	2002	2003	2004	2005	2006	2007	2008	2009	2010	2011	2012	2013	2014	2015	2016	2017	2018	2019	2020	2021	2022	2023	2024	合计
新疆*								2		1	1													4
内蒙古					2	1	2	1	4	1	2	1	2	1	3	11	4	7	5	6	7	8	4	72
黑龙江																		1			1			2
吉林																	1			1				2
辽宁							1	1								1	2	2						7
河北	6	5	6	5	6	5	6	5	6	5	7	7	8	7	11	11	12	7	10	12	14	10	2	173
天津				1		1										2	1	3						8
北京					4	5														3	1			13
山西												1	2	1	4	3	2	5	2	2				22
陕西	1		1	2	4	2	1	2	1	1	2		3		5	2	3		4	1				35
宁夏				1												3	2		2			1		9
山东						2												2						4
河南				1								2						2		1	1			7
甘肃							2					2						1		1				6
合计	7	5	7	7	16	14	10	10	11	9	11	13	13	14	19	29	26	28	25	34	27	21	8	364

　*新疆救护的大鸨为指名亚种。

第四节　救护、饲养案例

一、哈尔滨北方森林动物园

哈尔滨北方森林动物园前身为哈尔滨动物园，原址在哈尔滨市中心城区（香坊区），现址位于哈尔滨市阿城区，东经 125°42′—130°10′，北纬 44°04′—46°40′，处于中国东北北部地区，松嫩平原东端，邻近黑龙江省肇东市（曾是大鸨的繁殖地）。年平均温度 3.6℃。最冷为 1 月，平均气温 −19℃。最热为 7 月，平均气温 20.5℃。全年日照时间 2 388.7～2 528h。年平均降水量 533mm。

1. 动物来源及数量　自 20 世纪 80 年代，哈尔滨北方森林动物园开始救护和人工饲养大鸨。1998 年人工饲养大鸨首次产卵，但未受精。2001 年首次产受精卵，人工育雏成活。2004 年动物园搬迁，大鸨种群转移至哈尔滨儿童公园临时饲养。环境变化、空间缩小等因素，对大鸨的饲养繁殖等产生影响，造成伤亡和损失（田秀华，2005）。2012 年，在长春救助 2 只大鸨（1 雌 1 雄），雌性大鸨在 2018 年 1 月撞死，雄性大鸨在 2018 年 8 月因疾病死亡。2013 年，在林甸救助 1 只 15 日龄大鸨，人工育雏成活，已经适应人工饲养环境，与犀鸟等鸟类混合饲养展出。

2. 笼舍环境　2004 年以前，大鸨饲养舍长 12m、宽 4m、高 2m，为尼龙网围成的室外封闭舍。舍内灌木高 1～1.5m，沙浴池长 2m、宽 1.5m。笼网四周围彩条布、种植绿化带，形成缓冲保护屏障。2004 年，公园迁址重建，大鸨内舍面积 12m²，高 3.5m，钢筋混凝土结构，水泥地面；外舍面积 24m²、高 3.5m，尼龙软网全封闭结构，土质地面，栽植矮灌木和高草，见图 4 − 1。

3. 饲喂管理　哈尔滨北方森林动物园雏鸟的饲料随日龄增长而变化，饲料组成及营养成分与本书第二章基本相同。20 日龄以内，饲料为牛肉、蔬菜和混合饲料，每种饲料约占饲料总量的 1/3；20～60 日龄，牛肉量固定在 30g/只，蔬菜和混合饲料量随日龄增长逐渐增加。70～100 日龄，饲料总量基本恒定。120 日龄开始

图 4 - 1 哈尔滨北方森林动物园大鸨馆舍

丰富植物性饲料种类。成体大鸨上下午各饲喂 1 次，饲料见表 4 - 5。日粮以蔬菜和颗粒料为主，约占饲料总量的 75％。根据季节调整蔬菜种类，有白菜、圆白菜、生菜、胡萝卜、葱等。

表 4 - 5 哈尔滨北方森林动物园成体大鸨日粮（g/只）

蔬菜	牛肉	蝗虫	面包虫	鸡蛋	颗粒饲料	窝头	添加剂	其他	总量
218	45	不固定	50	27	228	—	—	73	651

注：颗粒饲料为玉米面 20％、高粱面 15％、面粉 5％、麸皮 20％、豆饼粉 25％、草粉 3％、骨粉 3％、鱼粉 8％、蛋氨酸 0.5％、盐 0.5％。其他为黄豆（27g/只）、大麦芽（45g/只）饲料。蝗虫在繁殖季节饲喂 20～30g/只。

二、长春市动植物公园

长春市动植物公园位于吉林省长春市中心，东经 124°18′—127°05′，北纬 43°05′—45°15′。长春市处于东北地区中部，松辽平原腹地，西北与松原市毗邻，西南和四平市相连，东南与吉林市相依，东北同黑龙江省接壤。年平均气温 4.8℃，夏季平均气温 21.9℃，冬季平均气温－12℃。全年日照时间 2 688h，年平均降水量 569mm。

1. 动物来源及数量 1992 年，长春市动植物公园开始救护和人工饲养大鸨。1997 年，人工饲养大鸨首次产卵，但未受精。2004 年，首次产受精卵。2005 年，子一代大鸨首次人工孵化育雏成活。2009 年，子二代大鸨繁殖成活。2023 年，存栏 7 只大鸨，5 雄 2 雌。2019—2023 年，1 只雌鸨连续产卵，但均未受精。

2023 年 12 月，长春市动植物公园在农安县救护 1 只雌性大鸨，入园时身体极度消瘦，可能在野外长时间未进食。

2. 笼舍环境　2005 年以前，长春市动植物公园大鸨笼舍长 30m、宽 4～8m、高 4m，为单层金属钢丝网全封闭结构。2005 年在原舍内侧增加尼龙软网，改造后的笼舍长 10m、宽 4～8m、高约 2m，大鸨撞伤情况明显减少。2010 年，在园内选址重建大鸨舍，内外舍相连。内舍长 4.1m、宽 3.9m、高 2.6m，钢筋混凝土结构，水泥地面。外舍长 13.5m、宽 5m、高 2.5m，土地与沙地结合，双层围网全封闭结构，外层钢架油丝金属网（网眼大小 30mm×30mm），连接在高 30～50cm 的混凝土墙上，内层尼龙软网，网眼大小 20mm×20mm。外舍有土坡、沙浴池和木质遮阳棚，种植草坪和稀疏的小灌木（图 4-2）。用尼龙软网在内外舍间隔出约 2m 宽的缓冲区，防止动物撞伤，便于饲养操作（图 4-3）。笼舍安静隐蔽，周围有围栏、树木、河流等隔离屏障，大鸨不对外展出。

图 4-2　长春市动植物公园
大鸨运动场

图 4-3　长春市动植物公园大鸨
内外舍间的缓冲区

3. 饲喂管理　长春市动植物公园大鸨雏鸟饲料见表 4-6。1～

40 日龄，日粮种类和饲喂量与哈尔滨北方森林动物园基本相同。
60 日龄，蔬菜（以白菜为主）和窝头占饲料总量的 38%，牛肉、
蝗虫和鸡蛋占 62%。雏鸟 60 日龄后，逐渐增加窝头和蔬菜的饲喂
量，减少牛肉、蚂蚱和鸡蛋的饲喂量，根据采食情况，增加饲料总
量，逐渐过渡为成体日粮。

表 4-6 长春市动植物公园不同日龄大鸨雏鸟日粮（g/只）

日龄	蔬菜	牛肉	蝗虫	面包虫	鸡蛋	颗粒饲料	窝头	添加剂	其他	总量
20	9	5	5	极少量	60	—	40	适量	—	119
40	15	10	10		70	—	50	适量	—	155
60	20	25	25		80	—	60	适量	—	210

注：窝头为玉米面 66%，豆粕 22%、麦麸 11%、盐 1%。添加剂为食盐 0.3～
0.6g/只、多维 1～2g/只、骨粉 1g/只、钙 10mg、维生素 D$_3$ 为 400IU/只。面包虫仅在
20 日龄以内饲喂，主要用于引导大鸨开食。

长春市动植物公园成体大鸨的日粮以窝头、蔬菜等植物性饲料
为主，见表 4-7。不同季节，饲料种类和饲喂量略有调整。2—5
月，饲喂蝗虫、大麦苗、草籽（黑麦草和大麦草），添加维生素 E
（每 100g 饲料添加 1g）和多种维生素（每 100g 饲料添加 1g）。蔬
菜饲料以白菜和胡萝卜为主。

表 4-7 长春市动植物公园成体大鸨日粮（g/只）

蔬菜	牛肉	蝗虫	面包虫	鸡蛋	颗粒饲料	窝头	添加剂	其他	总量
85	80	30	—	100	—	300	适量	15	610

注：窝头为玉米面 66%、豆粕 22%、麦麸 11%、盐 1%。其他为玉米粒和黄豆饲
料，在 11 月至翌年 3 月饲喂。

三、天津市动物园

天津市动物园位于天津市南开区水上公园路，东经 116°43′—
118°40′，北纬 38°34′—40°15′。天津市东临渤海，北濒黄海，属温
带半湿润季风气候。四季分明，春季多风，干旱少雨；夏季炎

热，雨水集中；秋季气爽，冷暖适中；冬季寒冷，干燥少雪。年平均气温约 14℃。全年日照时间约为 2 471～2 781h，年降水量为 360～970mm。

1. 动物来源及数量　1987 年，天津市动物园开始救护和饲养大鸨，无产卵和繁殖记录，雄性大鸨有繁殖炫耀行为，见图 4-4。

图 4-4　天津市动物园雄性大鸨发情期炫耀（摄影：许波，天津市动物园）

2. 笼舍环境　大鸨舍内外相连，内舍长 3m、宽 3m、高 3m，钢筋混凝土结构，水泥地面。外舍长 15m、宽 8m、高 5m，钢架金属笼网围成的全封闭结构，土地与沙地结合，种植低矮植物，见图 4-5。地面有坡度，便于排水。沙浴池深 3～5cm，定期更换和补充沙砾。笼舍周围 0.5～1.0m 处，种植小乔木、低矮灌木等，大鸨不对外展出。

图 4-5　天津市动物园的大鸨舍（摄影：许波，天津市动物园）

3. 饲喂管理　天津市动物园成体大鸨的饲料以蔬菜、鸡蛋和窝头为主，比例约为 1∶1∶1，见表 4-8。根据季节和生理期变化调整饲料种类。3—4 月，添加适量面包虫、大麦芽和维生素 E，促进动物发情。6—8 月，丰富蔬菜种类并增加饲喂次数，及时清理残余饲料，防止酸败。蔬菜以油菜、黄瓜、胡萝卜、大葱和西红柿为主。

表 4-8 天津市动物园大鸨日粮（g/只）

蔬菜	（熟）牛肉	蝗虫	面包虫	鸡蛋	颗粒饲料	窝头	添加剂	其他	总量
210	10	—	10	70	200	80	适量	—	580

注：颗粒饲料（100g）为玉米面 40g、高粱面 10g、麦麸 12g、豆粕 15g、苜蓿粉 18g、鱼粉 2g、骨粉 2g、盐 0.7g、微量元素 0.2g、多维 0.1g。窝头为玉米面 30%、豆饼面 20%、麸皮 10%、高粱面 22%、小麦面粉 5%、鱼粉 8%、骨粉 4%、食用盐 1%。

四、保定市动物园

保定市动物园位于保定市莲池区，东经 113°45′—116°19′，北纬 38°14′—39°57′。保定市是连接大鸨繁殖地和越冬地的主要通道之一，位于河北省中部偏西，地貌分为山区和平原两大类。属暖温带大陆性季风气候。年平均气温 13.4℃，1 月平均气温 -4.3℃，7 月平均气温 26.4℃。年平均日照 2 511h，年平均降水量 498.9mm。

1. 动物来源及数量　保定市动物园的大鸨均来自野外救护，2010 年首次救护成活。到目前，共救护成活 6 只大鸨。其中，因外伤被救护的居多，体弱的较少。救护时间在初春（1 月）和初冬（12 月）。目前存栏 4 只大鸨（3 雄 1 雌）。雄性未见发情表现，雌性无产卵。近两年，尝试雌雄鸨合笼饲养，暂无繁殖行为。

2. 笼舍环境　大鸨饲养舍是砖墙和笼网全封闭的外舍，安静隐蔽，不对外展出。长 8m、宽 3.5m、高 3.5m，沙土地面，建有遮阳棚，种植矮灌木。

3. 饲养管理　保定市动物园大鸨的日粮以植物性饲料为主，其中蔬菜量占日粮总量的 47%，主要是大白菜、油菜、大葱、西红柿和胡萝卜（表 4-9）。

表4-9　保定市动物园成年大鸨日粮（g/只）

蔬菜	牛肉	蝗虫	面包虫	鸡蛋	颗粒饲料	窝头	添加剂	其他	总量
300	15	—	—	30	200	100	—	—	645

注：颗粒饲料为玉米面50%、大麦面12%、麸皮10%、豆饼20%、鱼粉6%、碳酸氢钙1%、磷酸氢钙0.5%、食盐0.5%。窝头为玉米面80%、麸皮19.5%、食盐0.4%、碳酸钙0.05%、碳酸氢钙0.05%。

五、石家庄市动物园

石家庄市动物园位于河北省石家庄市鹿泉区，东经113°30′—115°20′，北纬37°27′—38°47′。石家庄市东与衡水接壤，南与邢台毗连，西与山西为邻，北与保定交界，跨华北平原和太行山两大地貌。属温带半湿润大陆性季风气候。春季干旱少雨；夏季炎热多雨；秋季天高气爽；冬季寒冷干燥。年平均气温为13.9℃。7月最热，平均气温27.2℃。1月最冷，平均气温-1.7℃。全年日照时间约为2 200~2 600h，年平均降水量542.2mm。

1. 动物来源及数量　石家庄市动物园饲养的大鸨均来自野外救护，2018—2020年成功救护4只大鸨。救护多发生在每年10月至翌年3月，在石家庄市周边县、市、区，包括元氏、灵寿、邢台等地。救护大鸨入园后，先隔离饲养，待康复或状况稳定后，转入大鸨舍饲养。

2. 笼舍环境　大鸨舍内外相连，动物可自由出入，内舍水泥地面，外舍金属钢网全封闭结构，沙土地面。大鸨不对外展出。

3. 饲养管理　石家庄市动物园大鸨的日粮见表4-10。以颗粒饲料、蔬菜等为主，颗粒饲料占比最高，蔬菜主要是油麦菜和白菜。

表4-10　石家庄市动物园成年大鸨日粮（g/只）

蔬菜	牛肉	蝗虫	面包虫	鸡蛋	颗粒饲料	窝头	添加剂	其他	总量
100	—		50	0	300			100	550

注：颗粒饲料为玉米面58%、豆粕20%、麸皮8%、鱼粉3%、酵母粉4.7%、磷酸氢钙6%、食盐0.3%。其他为麻籽、花生、黄豆、玉米饲料。

六、太原动物园

太原动物园位于山西省中部太原市东北隅的卧虎山上，东经111°—113°，北纬37°—38°。太原市在太原盆地的北端，华北地区黄河流域中部。年平均气温 9.5℃，最低气温 −23℃，最高气温37℃。1 月平均气温 −6.4℃，7 月平均气温 23℃。年日照数 2 285∼2 587h，年平均降水量 406.5mm。

1. 动物来源及数量 太原动物园的大鸨，大多是在太原周边县区救护的。2023 年，大鸨数量为 3 只（2 雄 1 雌），无繁殖表现。

2. 饲养环境及笼舍 内外舍相连，大鸨可自由出入。内舍为混凝土结构，外舍为金属笼网全封闭结构，土质地面，种植矮灌木。

3. 饲料及饲喂量 太原动物园大鸨的日粮以植物性饲料为主，见表 4 - 11，其中蔬菜约占饲料总量的 50%，主要为油菜、油麦菜、黄瓜、西红柿、大葱、胡萝卜等。

表 4 - 11　太原动物园成年大鸨日粮（g/只）

蔬菜	牛肉	蝗虫	面包虫	鸡蛋	颗粒料	窝头	添加剂	其他	总量
458.8	153.6	—	0	153.6	—	72	适量	72	910

注：窝头为玉米（47%）、大麦（5%）、豆粕（20%）、麸皮（15%）、碳酸钙（2.5%）、碳酸氢钙（2%）、食盐（0.5%）和鱼粉（8%）。其他为玉米（44%）、大麦（10%）、豆粕（25%）、麸皮（10%），并添加碳酸钙（2.5%）、碳酸氢钙（2%）、食盐（0.5%）和鱼粉（6%）混合而成的面料。

七、兰州野生动物园

兰州野生动物园位于兰州市安宁区忠和镇崖川村，东经103°33′—104°01′、北纬 36°05′—36°20′。兰州市地处中国西北地区，为温带大陆性气候。降水少，气候干燥。年平均气温 0∼16℃，昼夜温差显著。最冷月的平均气温为 −17.5℃，最热月的平均气温则为27.5℃。年平均日照 2 374h，年平均降水量 300mm 左右。

1. 动物来源及养殖数量　兰州野生动物园的 2 只大鸨（1 雄 1
雌）来自兰州动物园（图 4-6 和图 4-7）。雄鸨有炫耀行为，对
进入活动场的饲养员及靠近活动区域的游客，表现出领域行为。雌
鸨无繁殖记录。

图 4-6　兰州野生动物园雄鸨　　　图 4-7　兰州野生动物园雌鸨

2. 饲养环境及笼舍　大鸨饲养在外运动场，长约 15m，宽 4～
6m，高约 6m，土质地面，种植矮灌木和高草，建有木制遮阳棚。
外舍围挡为钢架连接金属笼网全封闭结构。

3. 饲料及饲喂量　兰州野生动物园成体大鸨的日粮见表 4-12，
以窝头和蔬菜为主，二者约占饲料总量的 62.7%。每日饲喂 2 次。
根据季节变化及大鸨的不同生理期，调整饲料种类及饲料量。冬季
发情时，会适当增加窝头和雉鸡颗粒料，保证能量供应。夏季天气
炎热时，增加白菜和油麦菜等蔬菜饲料量，增强大鸨机体免疫力。

表 4-12　兰州野生动物园成体大鸨日粮（g/只）

蔬菜	牛肉	蝗虫	面包虫	鸡蛋	颗粒饲料	窝头	添加剂	其他	总量
150	—	—	125	25	50	187.5	—	—	537.5

注：颗粒饲料为玉米、小麦、大麦、高粱豌豆、豆粕、蛋白粉、次粉、麸皮、苜蓿
草、菜粕、石粉、磷酸氢钙、食盐、复合维生素、复合微量元素等，产品成分分析保证
值：粗蛋白≥16%、磷 0.5%～1.0%、粗纤维≤15%、氯化钠 0.8%～1.5%、粗灰
分≤12%、赖氨酸≥0.5%、钙 0.8%～1.5%、水分≤13%。窝头为玉米面 68%、麸皮
14%、豌豆面 7.5%、食用盐 1%、食用油 3.5%、鱼粉 6%。

第五章　大鸨的濒危与保护

第一节　濒危原因

20 世纪初，大鸨广泛分布于欧亚大陆所有草原和部分半荒漠地带，西从葡萄牙开始，东到蒙古国、中国、朝鲜，还有北非和小亚细亚，但随着人口增加、开垦土地、狩猎及其他人为因素干扰，20 世纪中叶，大鸨在大部分分布区趋于消失，种群数量大量减少（赵殿生，1986）。在欧洲和非洲北部的瑞士、瑞典、丹麦、荷兰、法国、希腊、突尼斯及阿尔及利亚等国，大鸨已经消失（Morales，2002）。20 世纪 60 年代，我国畜牧业和采油业开始快速发展，大鸨的栖息地受到了破坏，生境破碎化，大鸨数量减少，处于濒危状态。分析其濒危原因有以下 4 个方面。

一、栖息地变化

自然栖息地的面积越大，则保护的生态系统越稳定，其中的生态种群越安全（蒋志刚，1996）。但随着人口数量增长，很多草原被开垦为农田和牧场，大鸨的栖息地面积越来越小，栖息地变为孤岛状。此外，栖息地环境变迁、水源干枯、土地沙化等都不利于大鸨生存。生境破碎化增加了大鸨种群间的隔离，限制了种群间的个体交换，降低了物种的遗传多样性。生境质量的退化，使生活于其中的大鸨生存状态受到影响，进而导致其存活力下降（万冬梅，2010）。

二、人为因素干扰

1. 生产活动　农业集约化及人类在大鸨栖息地周边的活动，如发展牧业、开采自然资源等，影响大鸨的繁殖（吴月龙，2001；吴逸群，2013）。此外，电线、风力发电机组等设施，对大鸨的生存构成了严重威胁。在阴雨天或大雾天气，大鸨受到外界干扰或惊吓起飞时，易因撞到农田或公路上空的电线而造成伤害。此外，焚烧农田秸秆，不利于越冬大鸨在农田中寻找食物。使用农业机械和农药，严重影响到大鸨的生存和繁殖。

2. 更换作物　大鸨的越冬栖息地类型相对单一，喜欢在麦田、水稻田等农田环境中活动。麦田改种棉花等经济作物，给大鸨觅食造成困难。以黄河三角洲保护区为例，保护区内黄河两岸农田粮食作物种植面积逐年减少，棉花变为主要农作物，玉米、冬小麦和水稻的种植面积变小，而树苗栽种面积增加，不利于大鸨对觅食地的选择和利用，导致黄河三角洲越冬的大鸨数量逐年减少（朱玉书，2016）。

三、天敌及自然灾害

草原上，白尾鹞、白头鹞等猛禽是大鸨的主要天敌，其次是狐、狼、犬及其他小型食肉动物及乌鸦，它们主要捕食大鸨的雏鸟和卵。气候对大鸨种群的影响很大。繁殖地气候干旱，大鸨雏鸟的成活率高，降水量大的地方，雏鸟成活率偏低。越冬地的寒流会造成大鸨意外伤亡，例如 1962 年江西鄱阳湖天气突变，寒流形成冻雨，300 多只大鸨冻在湖面上不能飞行。2000 年冬季，北方降大雪，深达 300～500mm，覆盖时间长，大鸨迁移到村庄附近觅食，少数大鸨因饥寒交迫而死。2001 年 2 月，在科尔沁草原的兴安盟附近，大鸨因大雪死亡。气温与降水是影响大鸨种群数量的主要气候因子，在高温干旱季节，水源缺失会导致大鸨难以生存、无法繁殖（赵匠，2007）。

四、自身因素

影响大鸨种群数量的内因是其生物学特性。大鸨繁殖力不强，性成熟较晚，雌性首次繁殖为 3～4 岁，雄性 4～5 岁（田秀华，2001）。窝卵数少、受精率低，孵卵和育雏任务均由雌鸨承担，增加了卵和雏的被害率。大鸨本身的繁殖率低（赵匠，2006）和开发求偶场的能力较弱，进一步威胁其种群发展（田秀华，2010）。

大鸨对生境变化的适应性差、易应激、繁殖能力弱等原因，在很大程度上限制了其种群的保护和延续，是导致其濒危的重要原因。为了生存，大鸨对外界环境的变化异常敏感，特别容易受惊。雌鸨在孵卵时，若受到惊扰，易弃巢，导致繁殖成功率下降。大鸨对栖息地的实际利用面积远小于可利用面积，尤其在被农田包围成孤岛状的草原上，它仅在草原的中心地带活动频繁，很少到边缘活动（万冬梅，2010）。此外，大鸨的神经质特性，使得人工饲养繁殖很难开展，增加了大鸨就地和迁地保护难度。

第二节　保护建议

我国在 20 世纪 80 年代末就将大鸨列为珍稀物种之一，通过法律对大鸨给予重点保护。《中华人民共和国野生动物保护法》在全国人大第七届四次会议通过，于 1989 年 3 月 1 日起施行。《中华人民共和国陆生野生动物保护实施条例》于 1992 年 3 月 1 日起施行，对野生动物猎捕、经营、饲养等提出了具体措施。这些法规的制定和实施，无疑对大鸨的保护和管理起到了积极的推动作用（田秀华，2006）。此外，《中华人民共和国湿地保护法》《中华人民共和国黄河保护法》的公布及自然保护区和野生动物保护相关标准规范的颁布，对自然保护区野生动物保护提出了新的要求：对照法规政策和标准规范，制定严格的保护措施，加大保护管理力度（仵文娟，2023）。

1995—2000 年，国家林业局立项调查研究大鸨，对包括大鸨在内的分布于中国境内的 3 种鸨的资源状况作了全面普查。国家林业和草原局对大鸨的保护十分重视，多次发起和组织关于保护大鸨的重要会议。2009 年 3 月 25—26 日，国家林业和草原局在北京林业大学举办了"大鸨保护与管理研讨会"。2009 年 12 月 5—6 日，首届"大鸨保护与监测网络国际研讨会"在北京召开。会议由国家林业和草原局野生动植物与自然保护区管理司主办，北京林业大学承办，河北省林业局、内蒙古图牧吉国家级自然保护区协办。此外，国内高校、中国动物园协会、鸟类协会及鸟类保护组织也对大鸨保护倾注了很多心血。目前，大鸨的受威胁现状依然严峻，综合大鸨的保护情况和自身的生物学特性等因素，提出以下五点保护建议。

一、保护栖息地

为了保护濒危野生动物的栖息地，我国各地先后建立了野生动植物自然保护区。大鸨主要栖息在草原环境（47.84%）和农田（40.55%）中，繁殖和越冬地多处于保护区当中。主要有内蒙古图牧吉国家级自然保护区、内蒙古高格斯台罕乌拉国家级自然保护区、内蒙古达赉湖国家级自然保护区、内蒙古特金罕山自然保护区、吉林莫莫格国家级自然保护区、陕西黄河湿地省级自然保护区、黄河三角洲自然保护区、新乡黄河湿地鸟类国家级自然保护区、郑州黄河湿地自然保护区、河南黄河湿地国家级自然保护区、黑龙江明水国家级自然保护区、河北海兴湿地鸟类保护区、河北黄烨大港湿地等。建议对这些保护区的生态环境进行持续的重点保护和维护。但仍有部分大鸨的栖息地未在保护区内，建议对这些区域采取以下措施：加强科研监测和保护力度，重点保护大鸨分布相对集中的区域，逐步恢复栖息地生态功能，并通过建立生态廊道，实现碎片化分布区的重新连通。

二、减少人为干扰

大鸨当前数量不容乐观，而电缆对其种群产生很大的威胁

(Kessler, 2013; Marques, 2020)。建议高空电缆有显著标记，设置电流分流等，降低工程建设对大鸨生态空间的影响，减少撞击电缆对大鸨的伤害。

要妥善解决农民经济效益与保护大鸨之间的冲突，控制栖息地区域内建筑物建设，保障农田栖息地粮食作物的种植面积。大鸨长期在大量使用农药的农田栖息，无疑有巨大的风险（Janss，2000；Lemus，2011；Marques，2020），因此在不影响农作物收成的情况下，引导农民适度施用农药，保障大鸨食物来源的安全性。

游客和观鸟者实施远观和静观，不要影响大鸨正常活动。尤其应对大鸨保护区的核心区内的人类活动严加控制，降低人为因素对大鸨生活和繁殖的干扰。

三、动态监测种群

建议不间断地开展大鸨栖息地与种群等资源调查，构建大鸨物种监测评估体系，逐步建立野外种群数据库，掌握种群数量动态及繁殖情况，为大鸨的保护决策提供科学依据。

四、就地保护与迁地保护

就地保护和迁地保护是野生动物保护的重要方式。大鸨的栖息地碎片化严重，野外种群数量少，基因多样性低，需要就地保护和迁地保护协同开展。建立健全大鸨伤病救护机制，培养专业的救护人员，及时救护和诊治大鸨。将救护与人工饲养有效结合（图5-1），提高救护成活率。对不能放归

图5-1　人工饲养的大鸨

的大鸨，提供适宜的人工饲养环境和可参与繁殖的种群环境，实现繁殖，留存基因。同时，探索动物野化训练和野外放归（图5-2）。

图 5-2　大鸨半野化驯养（摄影：周景英）

五、开展保护宣传

积极开展大鸨的保护和宣传工作，提高人民群众对野生动物的保护意识。利用各种教育活动，如"野生动物保护宣传日"及"爱鸟周"等，宣传大鸨在生态系统中的重要地位，激发人们自觉保护鸟类的意识。同时，充分利用广播、电视、宣传画册及官方微信、微博、抖音等途径宣传。

第三节　保护教育实践活动

一、背景

1. 大鸨在草原生态系统保护中的重要作用　草原生态系统（grassland ecosystem）是以各种草本植物为主体的生物群落与草原生态环境构成的功能统一体。草原生态系统在其结构、功能等方面与森林生态系统、农田生态系统具有完全不同的特点，它不仅是重要的畜牧业生产的天然基地，也是重要的生态屏障。

草原是我国主要的自然生态系统类型之一。我国的草原生态系统是欧亚大陆温带草原生态系统的重要组成部分。据《中国统计年鉴》（1988）提供资料，我国可利用的草原面积为 3.365 亿 hm²，占世界草原总面积的 7.1% 左右。我国草原的类型较多，从整体上看，内蒙古草原以多年生、旱生低温草本植物占优势，建群植物主要是禾本科草类，其中以针茅和羊草最有代表性。前者为丛生禾草，后者为根茎禾草，根茎发达，对防风固沙起着重要作用；我国中部为稀疏草原，以大针茅为主；西部为荒漠草原，以丛生戈壁针茅为主。

草原对大自然保护有很大作用，它不仅是重要的地理屏障，也是阻止沙漠蔓延的天然防线，起着生态屏障的作用。而大鸨栖息于开阔平原、草地和半荒漠地区，是草原鸟类的代表物种。大鸨是益鸟，它除素食外，还能大量捕食为害农作物的蝗虫、象鼻虫、金龟子和鳞翅目的幼虫，一定程度上维护了生态系统平衡，对农业发展提供了正向的促进作用。通过开展对大鸨的保护教育工作，可引导大众认识到草原生态系统的重要作用和保护大鸨物种的重要意义。

2. 大鸨的传说与文化渊源　鸨的名字源于一个传说：古时有一种鸟，它们成群生活在一起，每群的数量总是 70 只，形成一个小家族，于是人们就把它的集群个数联系在一起，在鸟字左边加上一个"七十"字样，就构成了"鸨"。曾经，大鸨在中国是较为常见的一种鸟，《诗经·鸨羽》中有"肃肃鸨羽，集于苞棘""肃肃鸨行，集于苞桑"的诗句，用大鸨在栎树、酸枣丛及桑树丛中肃肃地抖动翅膀的样子形容人民生活的疾苦。古代民间关于大鸨的传说中也有不少谬误。明朝李时珍认为"鸨无舌，……或云纯雌无雄与其他鸟合"，大鸨都是雌鸟，靠与其他鸟类配种，才能繁衍后代的"万鸟之妻"；清朝《古今图书集成》中也有："鸨鸟为众鸟所淫，相传老娼呼鸨出于此"，所以又传说只要其他鸟类的雄鸟从大鸨的上空飞过，其身影映在大鸨身上就算交尾繁殖了。现在，我们已经知道，古人对大鸨的误解，源于其显著的雌雄二态性。作为典型的地栖鸟类，大鸨又被叫作"地鵏"，这个名字还是地道的。

大鸨不爱鸣叫，即使是繁殖季节，也很少鸣叫，"保持沉默"是大鸨的一个特点。它善于奔跑在草原沙地。夏季，在北方草原上，或安闲地散步，或寻觅野草及各种虫类充饥。大鸨不善于飞翔，起飞前像飞机一样，先速滑一段，迎风急跑几步，然后腾空而起。

在黄河流域，鸟类资源丰富，黄河流域的湿地成为北方鸟类越冬最常驻留的场所，仅在一种湿地就可以看到数百种不同的鸟类，其中还有很多珍贵品种。常见的珍贵鸟类就有大鸨。大鸨是非常古老的物种，它伴随了黄河流域农耕文明的发展，被誉为"黄河神鸟"。

二、意义

动物园是以饲养和展出野生动物为特色的公共活动场所，从诞生之日起就有向公众传播动物知识的职能。保护教育是动物园的主要职能之一，是对动物保护事业不断探索的结果，也被时代的发展赋予了新的意义。从 20 世纪 80 年代开始，整个社会更加关注自然环境，关注生存在动物园里的野生动物，也更加需要从动物园得到有关的知识，因此教育在动物园的任务中，其重要性越来越显现出来。一般意义上的科普教育工作已经不能满足社会的需求，而被工作内容更为广泛且丰富的"保护教育"所包含并替代。野生物种及栖息地的保护和环境保护教育这两项工作一起成为动物园工作的主要任务。

结合活体动物展示的主题动物教育活动，不仅传递野生动物的保护信息，还突出动物个体的个性特点，引导大众去发现，动物的神奇在于它们对野外环境的适应，动物与栖息地密不可分，需要一同被保护，从而引导大众改变自己的具体行为，去支持野外保护。与此同时，保护教育活动，从不同角度、不同深度展示了动物园在日常管理、福利提升、动物科研救护等方面的努力和进展，赢得公众的关注和支持。

三、设计原则

大鸨个体壮硕，漂亮而独特的羽毛可做装饰品，曾是狩猎对象，在漫长的捕杀与反捕杀的斗争中，逐渐形成了易应激的特性，对外界环境变化非常敏感。目前，国内动物园对外展出的大鸨很少，需要不断探索科普教育内容。

使用说明牌和科普展示系统，引导公众认识大鸨。信息展示与互动设施同步，安装彩色标识、仿真模型、设置视频播放、图文展板等多种互动设备。另外，可将大鸨外形特点、食性以及野外生存状况撰写成有特点、吸引人的科普信息，更好地向公众传递保护理念。

由于大鸨非常警觉，开展活动时，应避免造成干扰。

四、展示内容

科普信息展示可以从大鸨野外信息、个体识别、动物园管理、展区特色、保育成果、教育活动等方面进行。

（一）行为展示

在不影响大鸨种群管理的前提下，尽可能地进行群体展示，展现个体自然行为和群体社会行为。生病、受伤、治疗及残疾的动物尽量不进行展示，避免给动物的康复带来压力，以及引起不必要的争议。

（二）生境展示

大鸨是典型的草原鸟类。主要栖息于开阔平原、干旱草原、稀树草原和半荒漠地区，也出现在河流、湖泊沿岸和邻近的干湿草地。展示区模拟自然生境，设置隐蔽处，为大鸨提供适宜生活和繁殖的空间。通过生境展示，介绍栖息地及动物分布情况，从而由迁地保护向野外保护延伸。

鉴于大鸨具有高度警觉性，易发生应激反应，如果条件允许，可以在其展区外围约200m处设立生态观测站。该站点通过展示栖息地植被、营造自然声景、模拟微气候循环等，构建拟真栖息地，同时融入剪纸艺术、草原诗歌等大鸨文化元素。站内配置观鸟望远镜，由保育员指导游客观察大鸨的取食与繁殖等行为。通过沉浸式生态解说与定点观测，引导公众理解大鸨的生态价值，进而建立"栖息地完整性—生物多样性—人类福祉"的逻辑关联。

（三）食物展示

大鸨主要吃植物的嫩叶、嫩草、种子，以及昆虫、蝗虫、蛙等动物性食物，人工饲养的大鸨以蔬菜、玉米等植物性饲料为主，牛肉、蝗虫等动物性饲料为辅。可以向公众展示并介绍大鸨的饲料，如窝头、玉米、麦芽、青菜、肉馅、面包虫、颗粒料等。大鸨还有一个显著习性，它们会采食沙砾，帮助消化食物。

（四）标本等展示

通过展示大鸨的羽毛、卵、骨骼标本等，讲解其形态特征与栖息地之间的适应关系，让更多的人了解大鸨，从而采取行动保护大鸨及其生存环境。

（五）说明牌

概括性地介绍物种基础信息，语言简洁，字数在 300 字左右。例如：

---

dà　bǎo
大　鸨

拉丁文学名：*Otis tarda*

英文名：Great bustard

分类：鸟纲（Aves）鹤形目（Gruiformes）鸨科（Otididae）

保护级别：国家一级重点保护动物。CITES 附录 Ⅱ。

分布：分布于欧亚大陆及非洲，在我国分布于东北、华北、黄河、长江流域及新疆。

习性：大鸨属于典型的草原鸟类。主要栖息于开阔的平原、干旱草原、稀树草原和半荒漠地区，也出现于河流湖泊沿岸和附近的干湿草地。大鸨是现存鸟类中两性体重差异最大的物种。雄鸟下颌的两侧生有细长而突出的白色须状羽，长达 10～12cm，状如胡须，所以被牧民称为"羊须鸨"。雌鸟的喉侧无胡须，常被称为"石鸨"。

食性：主要吃植物的嫩叶和嫩芽、嫩草、种子，也采食蝗虫、蛙等动物性食物。

繁殖：每年 4 月中旬开始繁殖，通常在 5—6 月产卵。

寿命：野外寿命 10～15 岁。

五、保护教育活动案例

案例一：

主题：长春市动植物园"爱鸟类爱森林保护生物多样性"志愿者主题宣传活动。

活动背景："生物多样性"是指在一定时间和一定地区所有生物（动物、植物、微生物）物种及其遗传变异和生态系统的复杂性总称，包括遗传（基因）多样性、物种多样性、生态系统多样性和景观生物多样性4个层次。生物多样性关系到人类生活的各个方面，也影响各种鸟类的栖息地和存活现状。我国于1992年6月11日签署联合国生物多样性公约。多年来全国生态建设的实践已总结出许多有用的经验。

活动目的：长春市林业和园林局多年来在园林绿化、美化城市环境、街路绿化等方面积累了丰富的经验，这些经验和做法对保护生物多样性起到了十分积极的作用。2017年是生物多样性保护年，长春市动植物公园作为野生动植物保护繁育基地，开展本次"爱鸟类，爱森林，保护生物多样性"志愿者主题宣传活动。活动旨在进一步提高广大市民爱护、保护野生动物的意识，通过野生动物科普教育宣传平台和保护教育活动，用新颖活泼的互动方式宣传野生动物保护，呼吁游客爱护环境，让天更蓝，水更绿！从身边事做起，从现在做起，体现园林人为打造"幸福长春，温馨公园"所作出的努力。

活动时间：2017年6月24日。

活动地点：长春市动植物园正门广场。

活动内容：展板宣传鸟类知识、保护教育游戏活动、活动宣传单发放。志愿者向小记者们讲解鸟类科普知识，现场小朋友参与互动答题和游戏（图5-3）。线上微信答题活动：关注长春市动植物公园微信公众号有奖答题页面，参与答题活动。

主要参与人员：吉林农业大学志愿者（图5-4）。

图 5-3　主题宣传活动现场

图 5-4　部分志愿者合影

观众：团省委小记者。

工作人员：动植物公园各科室。

游戏活动：消失的栖息地。

活动背景：大鸨是典型的草原鸟类，在中国新疆的栖息地是草原和荒漠草原，并常在农田中活动；在内蒙古和黑龙江，大鸨栖息在干草原、稀树草原和半荒漠地带，常在农田附近觅食，迁徙途经乌梁素海时，常在湖泊周围牧场和远离居民点的农田中活动。在越冬地，大鸨主要栖息在人烟稀少的麦田、荒草地、开阔的河漫滩、枯水期露出水面的湖滩周围和草洲一带。

栖息地破坏：草原过度开垦和过度放牧，使大鸨丧失适宜的栖息地造成危害。农业机械和农药的大量使用，直接威胁繁殖期的大鸨，并对其卵和幼鸨造成危害。人类各项生产活动造成的干扰，间接影响鸨的繁殖。在草原及农田附近架设输电线导致大鸨撞线死亡。

种内生物学特点：由于大鸨营巢于地面，卵极易受到人和其他动物的破坏，繁殖成活率低。

活动目标："消失的栖息地"这个小游戏可以通过角色扮演让参与者感受到大鸨和其他鸟类是如何受到人类生活影响的，栖息地是如何逐渐减少的，通过故事的发展让参与者可以了解人类如何做到尊重大自然中的其他生物。

物品准备：头饰（各种鸟类均可）、报纸或地板革（50cm 正方型），也可以准备表演用锄头、锯、服装等。

角色扮演：一群生活在自然栖息地的大鸨（由小朋友扮演）、故事讲述者（讲述整个故事的经过）、农民、修路工人、开发商、度假村老板。

故事梗概：在一个风景秀丽的湖边（场景可以更改），生活着一群快乐的大鸨，它们尽情地享受着丰富的食物、开阔的草地，不仅每一只大鸨都有自己的一块地板（代表栖息地），还有空余的地板，所以种群数量不断增加。有一天，来了一位农民，他为了种粮食开垦了一块草地，占领了 6 个没有鸟类居住的地板块，种了各种粮食。大鸨的生活没有受到明显的影响，还时不时地帮助农民伯伯消灭一些害虫。第二天，又来了一位修路工人，为了方便人们出行，要开辟一条新道路，从整个栖息地中间穿过，需要占领 8 块地板块，很多大鸨没有了栖息地，只能 2 只鸟踩在一块地板上，否则没有栖息地的大鸨将无法生存。

第三天又来了一位开发商，看中了这里，要建设一个居住小区，建设电线电缆，又从现有的地板中占领了 8 块，大鸨们只能跟其他有地板的同类挤在一块地板上，没有地板的大鸨被游戏淘汰了。

又过了一周，一个旅游度假村老板看中了这个地方风景秀丽，准备开发旅游度假区，拿走了更多的地板，更多的大鸨无处生存。

最后数一数一块栖息地上最多住下了多少只大鸨，并且分别请没有地板的大鸨，和多只挤在一起的大鸨谈谈现在的感受。通过分享，清晰明确地传递出保护鸟类栖息地的重要性，清楚展现人类的行为对鸟类及野生动物的影响有多深远。

案例二：

活动主题：长春市园林绿化局"幸福长春，温馨公园"系列活动暨长春市动植物公园"关爱生灵，保护鸟类"爱鸟周宣传活动（图5-5）。

图5-5　爱鸟周鸟类知识科普

为扩大科普教育宣传范围，使游客树立"保护鸟类，人人有责"的意识，长春市动植物公园开展了"幸福长春，温馨公园"系列活动之"关爱生灵，保护鸟类"爱鸟周宣传活动。活动在公园雉鸡馆内开展，来自吉林大学和长春工业大学的志愿者参与了此次活动。

活动现场，志愿者们身穿玩偶服向游客发放宣传彩页并介绍活动，吸引了众多游客的参与。鸟类科普知识小课堂环节，工作人员不仅给游客讲解了许多关于大鸨的知识，还展示了羽毛、鸟卵等标本，讲解过程生动有趣。工作人员在紧张激烈的"头脑风暴"环节准备了许多有意义的纪念品，吸引公众参与保护教育活动。通过让公众参与折千纸鹤活动，激发爱心，许多游客亲手把自己折好的千纸鹤粘贴在许愿树上，表达爱鸟护鸟的决心。

活动不仅让游客学习到很多关于大鸨等鸟类的专业知识，还使其认识到保护鸟类的重要性。游客纷纷表示，要自觉投身于"关爱生灵，保护鸟类"的队伍中，养成爱鸟护鸟的良好习惯。长春市动植物公园多年来持续在每年 4 月开展"爱鸟周"保护鸟类宣传活动，向广大游客宣传普及鸟类知识和鸟类保护的积极意义。

鸟类知识小讲堂内容参考：各位游客朋友们大家好，欢迎大家参与我们的"关爱生灵，保护鸟类"爱鸟周主题活动。我们的鸟类知识小讲堂马上就要开课了，我会以提问的方式与大家进行互动，让我们一起来了解鸟类小知识。好，我们的鸟类知识小讲堂正式开课。首先，我想问大家一个问题：什么是鸟？或者长成什么样的动物我们称其为鸟？大家回答的都很精彩。那鸟类最关键的定义就是：鸟是体表为羽毛所覆盖，有鸟嘴，有翅膀，既筑巢又产卵的温血产卵脊椎动物。了解了鸟的定义以后，我想问大家一个问题：企鹅是鸟吗？对，企鹅也是鸟类的一种，它属于不会飞翔的鸟类，不会飞的鸟还有鸵鸟、鸸鹋等。我们平时可见的鸡鸭鹅都属于鸟类。有朋友可能会说那会飞的就都是鸟，这种说法是不对的，如蝙蝠、蜻蜓它们都会飞，但都不属于鸟类。

那么问题来了，鸟类的共同特征是什么呢？它们唯一的共同特征就是都有羽毛。鸟类还会换羽，光鲜亮丽的羽毛也为求偶和繁殖做好了准备。

现在来了解一下它的身体部位。鸟喙是覆盖着角质的骨骼，形状多种多样。丹顶鹤、鹳以浅滩的小鱼和小动物为食，所以它们的嘴是细长的，类似于我们吃饭的筷子，鹦鹉的喙便于敲开坚硬的果实和胡桃夹子。而那些靠狩猎为生的鸟类，喙则像钩子一样弯曲，比如鹫、鹰和枭等。喙也是鸟类用来捕捉猎物的武器，还是它们切割食物的工具。

鸟喙还有没有其他作用呢？回答的没错，它还有筑巢、挖洞、自我防御和梳理羽毛的作用。有的鸟在求偶时还会拍击上下喙发出声响吸引异性。了解过鸟喙的作用后，想问问大家，鸟类要离开一个地方去另一个地方寻找食物或生活的现象叫什么？没错，就是迁徙。例如，大鸨会随着季节的变化，沿着相对稳定的路线，在繁殖地和越冬地之间迁徙。知道了鸟类的迁徙规律后，考考大家，赤道附近的鸟类多还是少？离赤道越近的地方鸟类越多，热带地区的鸟类最多，南北极最少。我们时常说一句话：大多数人只关注你飞多高，真正关心你的人才在乎你飞得累不累。其实这句话在鸟身上大可不必担心。因为大多数鸟类的飞行能力都十分强，能张开翅膀在空中逗留很长时间无需着陆，它们最终着陆是为了繁衍。比如雨燕、信天翁之类的鸟飞行能力就很强。

关于鸟类的小知识先和大家分享这么多，让我们共同关爱生灵，保护我们美好和谐的家园！

大鸨知识讲堂内容，5～6岁受众版：

现在我们一起走近一种珍稀而神秘的鸟类，它长得像会飞的"小绵羊"，跳舞像芭蕾舞演员，还能飞得比飞机还高！它的名字叫——大鸨！

（展示大鸨照片或卡通图，可模仿大鸨张开翅膀的动作，吸引注意力！）

（一）草原上的"大个子"

1. 体型冠军　大鸨是咱们中国最重的飞鸟！雄性大鸨的体重可达3～4个书包那么重（约18kg），张开翅膀比教室的黑板还长（2m）！但是雌性大鸨只有雄鸨的1/2大！

（互动：请小朋友比划"张开翅膀"，猜猜大鸨和鸵鸟谁更重？提示：鸵鸟不会飞！）

2. 伪装大师　它们的羽毛是灰褐色的，像枯草一样。如果大鸨趴在草原上，连老鹰都很难发现它！悄悄告诉你们一个小秘密——大鸨的脖子下面有白胡子！不过只有雄鸨在春天跳舞时才会露出来哦。

（展示羽毛颜色对比图，提问：如果在草原玩捉迷藏，你会穿什么颜色衣服？）

（二）大鸨的"超级技能"

1. 跳舞求偶　每年春天，雄鸨会举办"草原舞蹈大赛"！它们会鼓起白胡子，翘起尾巴转圈圈，蹦蹦跳跳像踩着弹簧！谁跳得最帅，谁就能赢得雌鸨的喜欢。

（动作模仿：带领小朋友一起做"转圈＋拍手"的简化版求偶舞。）

2. 飞行高手　别看大鸨胖乎乎的，它们起飞时会像飞机一样先助跑！一旦飞起来，速度比小汽车还快（70km/h），能一口气飞到云朵上面！

（互动：模仿大鸨"助跑—扑棱翅膀—腾空"的动作。）

3. 装死绝招　如果小大鸨遇到危险，它会立刻趴下装死！像块小石头一样一动不动，等坏蛋走远了再"嗖"地逃跑！这可是很多动物都不会的保命技巧。

（小游戏：请几位小朋友表演"突然定格不动"，其他同学猜猜是谁动了。）

（三）保护"草原精灵"

1. 它们遇到麻烦了　现在全中国的大鸨只有1 000多只，比我们学校的人数还少！草原变少了，拖拉机的声音会吓跑孵蛋的大鸨，风筝线也可能缠住它们的翅膀……

（展示对比图：健康草原及被破坏的草原，引导思考如何帮助大鸨。）

2. 我们可以这样做　去草原玩时，不乱扔垃圾，不破坏鸟窝。

如果看到受伤的大鸨，告诉野生动物救护中心的叔叔。

画一幅大鸨保护海报，让更多人知道它们！

（号召行动：带领大家做"保护誓言"——"不伤害，不打扰，我是大鸨小卫士！"）

最后送给大家一首儿歌，把大鸨的故事带回家吧！

（拍手念）

> 草原大鸨本领强，
> 胖胖身体飞天上。
> 春天跳舞转圈圈，
> 伪装绝招像影帝。
> 保护生态我有责，
> 守护鸟儿笑开颜！

参 考 文 献

程光潮，贾相刚，1959. 地鸱生态的初步调查［J］. 动物学杂志（6）：244-247.

程铁锁，何冰，程孝宏，等，2011. 陕西黄河湿地大鸨受伤原因初探［J］. 陕西林业科技（6）：51-53.

程铁锁，赵红茹，何冰，等，2017. 陕西黄河湿地越冬大鸨种群现状及分布区域调查［J］. 防护林科技（4）：89-90.

费荣梅，田秀华，2002. 大鸨羽毛微观结构研究［J］. 东北林业大学学报（1）：40-43.

冯科民，李金录，1986. 丹顶鹤的繁殖生态［J］. 东北林业大学学报（3）：39-45.

冯立国，2016. 大鸨——草原不能承受之重［J］. 森林与人类（5）：26-33.

甘孟侯，蔡宝祥，2002. 20 年来我国禽病研究与防制工作回顾与展望——纪念中国畜牧兽医学会禽病学分会成立 20 周年［J］. 中国动物保健，4（10）：35-40. 甘孟侯，2002. 禽病诊断与防治［M］. 北京：中国农业大学出版社.

高春生，范光丽，肖传斌，等，2006. 大鸨肾脏组织学观察［J］. 中国农学通报（2）：5-7.

高峰，燕阳，孙翔楠，2009. 北京地区大鸨的伤病救助情况分析［J］. 河北林业科技（5）：37-38.

高行宜，戴昆，许可芬，1994. 新疆北部地区鸨类考察初报［J］. 动物学杂志（2）：52-53.

高行宜，杨维康，乔建芳，等，2007. 中国鸨类的分布与现状［J］. 干旱区研究（2）：179-186.

高行宜，杨维康，乔建芳，等，2008. 中国波斑鸨［M］. 乌鲁木齐：新疆科学技术出版社.

郭玉荣，田秀华，于学伟，等，2007. 大鸨生殖系统形态结构初步研究 [J]. 野生动物杂志，28（4）：10-12.

韩秀清，陈绍文，1997. 内蒙古包头地区珍稀鸟—大鸨 [J]. 阴山学刊（S1）：31-33.

韩耀建，2011. 黄河湿地豫东段大鸨（东方亚种）越冬集群和栖息生境特征的研究 [D]. 河南大学.

胡梅，宋艳珠，董建秀，2003. 丹顶鹤的捕捉与运输 [J]. 中国林副特产（2）：24-25.

蒋劲松，2004. 中国大鸨资源现状及其保护的研究 [D]. 哈尔滨：东北林业大学.

蒋志刚，王祖望，1996. 动物的行为决策——行为生态学研究的新发展 [J]. 百科知识（11）：26-27.

孔有琴，2003. 中国大鸨东方亚种线粒体 DNA 遗传多样性的研究 [D]. 哈尔滨：东北林业大学.

孔有琴，李枫，2005. 大鸨的现状和研究动态 [J]. 动物学杂志（3）：111-115.

孔有琴，李枫，田秀华，等，2004. 笼养大鸨繁殖行为的时间分配和活动节律 [J]. 东北林业大学学报（1）：70-72.

孔有琴，张微微，李枫，等，2008. 中国大鸨东方亚种群体间遗传关系分析 [J]. 东北林业大学学报，36（11）：80-82.

李超，周景英，龚明昊，等，2021. 大鸨东方亚种在中国的分布 [J]. 生态学杂志，40（6）：1793-1801.

李林，冯克民，王俊红，1991. 世界大鸨的现状及其保护 [J]. 野生动物（3）：10-12.

李林，王俊红，王永礼，等，1993. 大鸨的行为研究 [J]. 野生动物（1）：29-31，28.

李晓民，刘学昌，周景英，等，2005. 内蒙古图牧吉冬季大鸨调查初报 [J]. 动物学杂志（3）：46-49.

李秀云，邹希明，刘桂芳，1996. 大鸨禽痘病例报告 [J]. 黑龙江畜牧兽医（2）：34-35.

廖小青，姚东武，于晓平，2021. 陕西大荔记录越冬大鸨白化个体 [J]. 野生动物学报，42（2）：591-593.

刘伯文，陈玉敏，王文，等，1996. 内蒙古兴安盟图牧吉地区鸟类资源的考察

［J］. 东北林业大学学报（5）：92-101.

刘伯文，王文，赵泽斌，等，1991. 内蒙古扎赉特旗冬季鸟类［J］. 野生动物
（5）：9-13.

刘博，2010. 人工照明对京津地区候鸟影响研究［D］. 天津：天津大学.

刘方庆，吴逸群，刘建文，2013. 大鸨越冬行为时间分配与活动节律［C］. //
第十二届全国鸟类学术研讨会暨第十届海峡两岸鸟类学术研讨会论文集.
2013：104.

刘刚，龚明昊，崔丽娟，等，2017. 一种通过粪便 DNA 分析大鸨食源植物的
方法［P］. 中国. CN 106381337 A.

刘刚，李皓，吴自有，等，2021. 基于 DNA 条形码分析大鸨繁殖期动物性食
物［J］. 动物学杂志，56（3）：405-416.

刘建文，吴逸群、许秀，2013. 陕西省大鸨东方亚种越冬分布与救助原因分
析［J］. 四川动物，32（2）：306-307.

刘金成，田秀华，周景英，等，2008. 图牧吉保护区大鸨冬春季生境选择
［J］. 东北林业大学学报（7）：56-59.

刘玉堂，田秀华，2008. 大鸨消化道扫描电镜观察［J］. 中国畜牧兽医学会动
物解剖学及组织胚胎学分会第十五次学术研讨会论文集，213-217.

刘玉堂，田秀华，于学伟，等，2002. 大鸨消化系统组织学观察［J］. 动物学
杂志（5）：37-41.

刘玉堂，田秀华，于学伟，等，2002. 大鸨胰腺超微结构研究［J］. 解剖学报
（5）：519-523.

刘玉堂，田秀华，于学伟，等，2003. 大鸨胃的超微结构研究［J］. 解剖学报
（1）：37-41.

刘铸，白素英，田秀华，2006. CHD 基因与非平胸鸟类性别鉴定［J］. 生物技
术通报（S1）：147-150.

刘铸，田秀华，白素英，2007. 大鸨（*Otis tarda*）两个亚种的遗传多样性与
系统分化［J］. 生态学报（6）：2435-2442.

卢小琴，2011. 笼养大鸨繁殖期行为与粪中性激素水平的研究［D］. 哈尔滨：
东北林业大学.

卢小琴，田秀华，2011. 笼养大鸨繁殖不同时期行为时间分配及活动节律
［J］. 东北林业大学学报，39（5）：84-87.

马朝红，杜卿，2016. 河南黄河湿地：警惕着越冬［J］. 森林与人类，2016
（3）：88-91.

马朝红，马书钊，韦晓彦，等，2008. 河南黄河湿地国家级自然保护区孟津段水鸟资源调查 [J]. 四川动物，27（5）：902-904.

宓春荣，郭玉民，2013. 气候变化对大鸨东方亚种中国越冬地分布影响的预测 [C] //第十二届全国鸟类学术研讨会暨第十届海峡两岸鸟类学术研讨会论文集. 2013：121.

彭广能，2009. 兽医外科与外科手术学 [M]. 北京：中国农业大学出版社.

乔桂芬，于国海，孙孝维，等，2008. 大鸨越冬习性观察与研究 [J]. 吉林林业科技（5）：28-30.

尚玉昌，1986. 行为生态学（十四）：动物的领域行为（1）[J]. 生态学杂志（6）：60-64.

邵明勤，阿布力米提·阿布都卡迪尔，高行宜，等，2002. 鸟类行为研究进展 [J]. 干旱区研究（2）：75-80.

寿晓玲，顾建宏，汤建忠，等，2003. 大鸨禽Ⅰ型副黏病毒的病原分离与鉴定 [J]. 浙江畜牧兽医（5）：37.

苏丽娟，刘全军，侯元春，等，2008. 野生大鸨的粪便成分分析 [J]. 四川动物（5）：888-889，893.

谭耀匡，1988. 我国珍稀保护动物鸟类（十五）[J]. 野生动物（6）：35-37.

田恒玖，候方辉，等，2023. 野生动物救护实用手册 [M]. 广州：广东省地图出版社.

田秀华，等，2004. 笼养大鸨繁殖的研究 [J]. 动物园（11）：280-283.

田秀华，刘铸，白素英，2005. 珍稀濒危鸟类微量取样及 DNA 提取的研究 [J]. 经济动物学报（4）：215-218.

田秀华，刘铸，白素英，2006. 大鸨东方亚种遗传多样性的微卫星分析 [J]. 动物学报（3）：569-574.

田秀华，刘铸，何相宝，2005. 笼养大鸨在夏秋季节行为活动的时间分配和活动节律 [J]. 黑龙江畜牧兽医（1）：10-13.

田秀华，王进军，2001. 中国大鸨 [M]. 哈尔滨：东北林业大学出版社.

田秀华，王进军，徐美荣，等，2001. 笼养大鸨在哈尔滨动物园首次繁殖成功 [J]. 野生动物（6）：5-7.

田秀华，张佰莲，2006. 中国大鸨研究进展及保护对策 [J]. 野生动物（3）：32-37.

田秀华，张佰莲，何相宝，等，2005. 笼养条件的改变对大鸨繁殖期行为的影响 [J]. 动物学杂志（4）：55-59.

田秀华，张佰莲，刘群秀，等，2005. 笼养大鸨越冬行为的时间分配［J］. 动物学杂志（2）：44-49.

万冬梅，2002. 大鸨繁殖期栖息地选择与濒危机制的研究［D］. 长春：东北师范大学.

万冬梅，杜杨，赵匠，2010. 大鸨的濒危机制及保护对策［C］.//首届中国大鸨保护国际研讨会论文集.2010：31-39.

万冬梅，高玮，王秋雨，等，2002. 生境破碎化对丹顶鹤巢位选择的影响［J］. 应用生态学报（5）：581-584.

万冬梅，高玮，赵匠，等，2002. 大鸨的巢位选择研究［J］. 应用生态学报（11）：1445-1448.

万冬梅，高玮，赵匠，等，2002. 辽宁猛禽迁徙规律的研究［J］. 东北师大学报（自然科学版）（2）：78-83.

汪沐阳，徐峰，杨维康，等，2015. 大鸨生态生物学研究现状［J］. 生态学杂志，34（5）：1435-1440.

王明力，刘二曼，陈凤英，等，1998. 大鸨染色体核型的初步研究［J］. 东北林业大学学报，26（2）：86-88.

王岐山，李凤山，2005. 中国鹤类研究［M］. 昆明：云南教育出版社.

文英，张红见，2014. 一例大鸨多杀性巴氏杆菌的分离鉴定［J］. 黑龙江畜牧兽医（8）：113-114.

乌力吉，1999. 呼伦贝尔草原上的大鸨［J］. 野生动物（6）：11.

吴逸群，2012. 陕西黄河湿地大鸨越冬种群调查研究［J］. 安徽农业科学，40（16）：8926.

吴逸群，刘建文，吴盈盈，等，2013. 中国大鸨的生物学研究进展［J］. 四川动物，32（1）：156-159.

吴月龙，刘嵩，曹景金，2001. 大鸨越冬种群调查与保护对策［J］. 安徽林业（4）：30.

仵文娟，何冰，李杰，2023. 陕西黄河湿地省级自然保护区动物种类及区系特征分析［J］. 陕西林业科技，51（1）：68-83.

武明录，侯建华，高立杰，等，2011. 河北省大鸨的分布与保护［J］. 四川动物，30（5）：814-815.

辛朝安，1997. 禽病学［M］. 北京：中国农业出版社.

许可芬，阿不力米提，高行宜，等，1992. 塔城盆地鸟类考察初报［J］. 动物学杂志（1）：14-19.

杨锴斌，田秀华，卢小琴，等，2018. 发情期笼养大鸨和半散养大鸨的行为特点分析 [J]. 经济动物学报，22（4）：205-209，220.

杨锴斌，王悦，田秀华，等，2018. 半散放大鸨（*Otis tarda*）发情期求偶炫耀机制的研究 [J]. 野生动物学报，39（2）：340-346.

姚静，慕德俊，刘畅，等，2011. 大鸨人工养殖技术 [J]. 野生动物，32（6）：329-331，335.

易国栋，赵匠，2006. 大鸨繁殖期领域行为的研究 [J]. 吉林师范大学学报（自然科学版）（2）：46-48.

于长云，高玮，1983. 大鸨 [J]. 野生动物（3）：2-5.

于国海，乔桂芬，邹畅林，等，2008. 大鸨越冬栖息地选择 [J]. 野生动物（2）：95-97.

于国海，邹畅林，孙孝维，等，2008. 大岗附近大鸨越冬种群数量及生态观察 [J]. 吉林林业科技（4）：22-23，26.

于泽英，2004. 动物园圈养种群的遗传学管理 [J]. 野生动物，25（4）：41-42.

张佰莲，2006. 笼养大鸨雏鸟行为和生长发育的研究 [D]. 哈尔滨：东北林业大学.

张佰莲，田秀华，刘群秀，等，2007. 人工饲养大鸨雏鸟行为变化趋势及日节律 [J]. 动物学杂志（6）：57-63.

张宝亮，2012. 内蒙古图牧吉自然保护区大鸨繁殖期行为时间分配与日节律研究 [D]. 哈尔滨：东北林业大学.

张宝亮，刘振生，李晓民，2011. 大鸨繁殖前期行为观察 [J]. 国土与自然资源研究（6）：61-63.

张方，吴孝兵，2005. 大鸨的随机扩增多态 DNA 分析与种内亲缘关系研究 [J]. 安徽师范大学学报（自然科学版），28（3）：316-319.

张建平，周立志，2020. 安徽淮河流域重新出现越冬大鸨 [J]. 安徽林业科技，46（1）：54-55，60.

张藐，田秀华，于长江，等，2016. 半散放大鸨孵化期的行为 [J]. 东北林业大学学报，44（12）：51-56.

张同作，刘伟石，吴韦塑，等，2004. 大鸨生长期能量代谢和蛋白质沉积量的初步研究 [J]. 应用与环境生物学报（1）：116-118.

张伟木，1990. 草海黑颈鹤和灰鹤的生理指标测定 [J]. 贵州畜牧兽医（1）：6-8.

张希画，郝迎东，杨长志，2022. 黄河三角洲大鸨越冬规律研究［J］. 山东林业科技，52（5）：82-84，88.

张希涛，2010. 黄河三角洲大鸨越冬状况及保护对策［J］. 山东林业科技，40（1）：20-22.

赵殿生，1986. 世界鸨的现状与未来［J］. 野生动物（1）：49-51，54.

赵匠，2001. 大鸨野外生态的初步观察［J］. 东北师大学报（自然科学版）（4）：78-80.

赵匠，2002. 大鸨繁殖生态学的研究［D］. 长春：东北师范大学.

赵匠，高玮，万冬梅，等，2003. 大鸨繁殖期活动时间预算和日节律［J］. 应用生态学报（10）：1705-1709.

赵匠，万冬梅，王海涛，等，2005. 大鸨繁殖期觅食地的选择［J］. 应用生态学报（3）：501-504.

赵匠，万冬梅，王海涛，等，2007. 图牧吉自然保护区大鸨繁殖期种群数量动态和食性分析［J］. 东北师大学报（自然科学版）（2）：103-105.

赵匠，万冬梅，王海涛，等，2016. 大鸨吃什么？［J］. 森林与人类（3）：44-47.

赵文珍，王恒瑞，赵宗英，等，2018. 河南省越冬大鸨资源调查［J］. 野生动物学报，39（3）：685-688.

郑光美，2002. 世界鸟类分类与分布名录［M］. 北京：科学出版社.

郑作新，1987. 中国鹤类研究的主要成就［J］. 野生动物（2）：3-4，14.

郑作新，1994. 中国鸟类种和亚种分布名录［M］. 北京：科学出版社.

周景英，贾茹，钱英，等，2022. 内蒙古图牧吉大鸨种群动态及时空分布稳定性［J］. 动物学杂志，57（3）：368-375.

周军英，2013. 中国动物园冠鹤圈养种群现状分析［J］. 野生动物，34（2）：115-119.

朱龙飞，刘莹莹，郭玉明，等，2018. 新乡黄河湿地大鸨的越冬生态研究［J］. 野生动物学报，39（3）：584-587.

Dongmei W，Wei G，Jiang Z，et al，2002. On nest-site selection of *Otic tarda*［J］. Ying yong sheng tai xue bao＝ The journal of applied ecology，13（11）：1445-1448.

Gang L，A B A S，Xiaolong H，et al，2018. Meta-barcoding insights into the spatial and temporal dietary patterns of the threatened Asian Great Bustard (*Otis tarda dybowskii*) with potential implications for diverging migratory strategies [J]. Ecology and evolution, 8 (3): 1736-1745.

Gong M, Ning Y, Han M, et al, 2019. A comparison of next-generation sequencing with clone sequencing in the diet analysis of Asian great bustard [J]. Conservation Genetics Resources, 11 (1): 15-17.

Guyonne F E Janss, Miguel Ferrer, 2001. Avian electrocution mortality in relation to pole design and adjacent habitat in Spain [J]. Bird conservation international, 11 (1): 3-12.

Haoran L, Xinrui J, Boping L, et al, 2023. A high-quality genome assembly highlights the evolutionary history of the great bustard (Otis tarda, Otidiformes) [J]. Communications biology, 6 (1): 746.

Jiang Z, Dongmei W, Haitao W, et al, 2005. Foraging habitat selection of (*Otis tarda dybowskii*) during its breeding season [J]. Ying yong sheng tai xue bao = The journal of applied ecology, 16 (3): 501-504.

Jiang Z, Wei G, Dongmei W, et al, 2003. Behaviors time budget and daily rhythm of great bustard in breeding season [J]. Ying yong sheng tai xue bao = The journal of applied ecology, 14 (10): 1705-1709.

Jin-jun W, Xiu-hua T, et al, 1998. Artificial Incubation of Great Bustard (*Otis tarda*) Eggs [J]. Journal of Forestry Research (2): 81-86.

Jin-jun W, Xiu-hua T, et al, 1998. Physiological testing of blood for great bustard [J]. Journal of Forestry Research (4): 278-279.

Juan C. ALONSO, Carlos PALACÍN, 2010. The world status and population trends of the Great Bustard (*Otis tarda*): 2010 update [J]. Chinese Birds, 1 (2): 141-147.

Kessler E A, Batbayar N, Natsagdorj T, et al, 2013. Satellite telemetry reveals long - distance migration in the Asian great bustard (*Otis tarda dybowskii*) [J]. Journal of Avian Biology, 44 (4): 311-320.

Lemus J A, Bravo C, García-Montijano M, et al, 2011. Side effects of rodent control on non-target species: Rodenticides increase parasite and pathogen burden in great bustards [J]. Science of the Total Environment, 409 (22): 4729-4734.

Li W, Liu Y, Tian X, 2017. Scanning Electron Microscopic Observations of the Digestive Canal of the Great Bustard (*Otis Tarda*) [J]. Avian Biology Research, 10 (3): 190-195.

Liu G, Hu X, Shafer A B A, et al, 2017. Genetic structure and population history of wintering Asian Great Bustard (*Otis tarda dybowskii*) in China: implications for conservation [J]. Journal of Ornithology, 158 (3): 761-772.

Li-Qiang D, Zhen X, Shun-Cai L, et al, 2014. Subulura halli (Ascaridida: Subuluridae) from the endangered great bustard Otis tarda Linnaeus (Aves: Gruiformes) in China [J]. Folia parasitologica, 61 (1): 69-75.

Marques A T, Martins R C, Silva J P, et al, 2020. Power line routing and configuration as major drivers of collision risk in two bustard species [J]. Oryx, 55 (3): 1-10.

Morales M B, Alonson J C, Alonson J, 2002. Annual productivity and individual female reproductive success in a Great Bustard Otis tarda population [J]. Ibis, 144 (2): 293-300.

Rong Y, Xiaobing W, Peng Y, et al, 2010. Complete mitochondrial genome of *Otis tarda* (Gruiformes: Otididae) and phylogeny of Gruiformes inferred from mitochondrial DNA sequences [J]. Molecular biology reports, 37 (7): 3057-3066.

Sun Y, Li S, Li J, et al, 2006. Time budget and activity rhythm of wild Great Bustard in winter [J]. Frontiers of Biology in China, 1 (4): 443-447.

Wang M, González A M, Yang W, et al, 2018. The Probable Strong Decline of the Great Bustard Otis tarda Population in North-Western China [J]. Ardeola, 65 (2): 291-297.

Wang Y M, Chen Q, Kuerbanjiang H, et al, 2015. Group size and disturbance effects on group vigilance in the Great Bustard *Otis tarda* in western China [J]. Bird Study, 62 (3): 438-442.

Wu Q Y, Xu X, 2017. Time Budget and Rhythm of Wintering Behaviors of Great Bustard in the Middle Reaches of Yellow River Basin of China [J]. Pakistan Journal of Zoology, 49 (5): 1581-1586.

Xiu-hua T, Bai-lian Z, Xiang-bao H, et al, 2004. Artificial incubation and growth observation for the nestlings of Great Bustard (*Otis tarda*) [J]. Journal of Forestry Research, 15 (4): 301-304.

Xiu-hua T, jin-jun W, et al, 1998. Observation on Ultra-micro Structure of Eggshell and Analysis of Composition of Eggshell and Feather in Great

Bustard [J]. Journal of Forestry Research (2): 87-90.

Yingjun W, Gankhuyag O P, Amarkhuu G, et al, 2022. Migration patterns and conservation status of Asian Great Bustard (*Otis tarda dybowskii*) in northeast Asia [J]. Journal of Ornithology, 164 (2): 341-352.

Zhi-xuan Z, Deng-hua Y, Bai-sha W, et al, 2011. [Suitability evaluation of great bustard (*Otis tarda*)'s wintering habitat in Baiyangdian basin] [J]. Ying yong sheng tai xue bao = The journal of applied ecology, 22 (7): 1907-1913.

附录　我国部分省（自治区、直辖市）2002—2024 年[*]的大鸨救护信息

一、新疆维吾尔自治区（指名亚种）

编号	时间	地点	救护单位	救护数量（只）
1	2014 年 6 月 9 日	新疆维吾尔自治区尼勒克县	尼勒克县野生动物救护中心	1
2	2014 年 12 月 26 日	新疆维吾尔自治区精河县八家户农场	博乐市动物园	1
3	2016 年 12 月 21 日	新疆维吾尔自治区水磨沟区葛家沟	乌鲁木齐市森林公安局	1
4	2017 年 10 月 9 日	新疆维吾尔自治区伊宁县	伊宁县森林派出所	1

二、内蒙古自治区

编号	时间	地点	救护单位	救护数量（只）
1	2006 年至 2024 年 5 月 27 日	内蒙古自治区图牧吉镇	内蒙古图牧吉国家级自然保护区管理局	30
2	2010 年 10 月 5 日	内蒙古自治区二连浩特市	内蒙古大青山国家级自然保护区	1

（续）

编号	时间	地点	救护单位	救护数量（只）
3	2010 年 10 月 21 日	内蒙古自治区二连浩特市齐哈日格图边防	二连浩特市野生动物救护驯养中心	1
4	2016 年 12 月 5 日	内蒙古自治区贺兰山保护区哈拉乌中心管理站	阿拉善左旗森林公安局	1
5	2017 年 2 月 15 日	内蒙古自治区巴林右旗	巴林右旗森林公安局	1
6	2017 年 2 月 27 日	内蒙古自治区赤峰市三十家子村	赤峰市野生动物救助中心	1
7	2017 年 4 月 7 日	内蒙古自治区锡林郭勒草原	别力古台镇兽医局	1
8	2017 年 4 月 10 日	内蒙古自治区通辽市观音山旅游区	内蒙古通辽森林公安局	1
9	2017 年 4 月 20 日	内蒙古自治区通辽市观音山旅游区	霍林郭勒市公安局	1
10	2017 年 5 月 3 日	内蒙古自治区巴彦淖尔市临河区新华镇	临河区野生动物救护中心	1
11	2017 年 6 月 14 日	内蒙古自治区苏尼特右旗额仁淖尔苏木赛音希力嘎查	苏尼特右旗野生动物救助站	1
12	2017 年 11 月 11 日	内蒙古自治区干召庙镇新丰八组	临河区野生动物救助中心	1
13	2017 年 11 月 20 日	内蒙古自治区赤峰市	赤峰桥北动物园	1
14	2017 年 11 月 30 日	内蒙古自治区包头市固阳县怀朔镇二约地新村	固阳县的一位乡村医生	1
15	2018 年 3 月 15 日	内蒙古自治区赤峰市	赤峰桥北动物园	1
16	2018 年 11 月 28 日	内蒙古自治区乌审旗	鄂尔多斯野生动物园	1
17	2019 年 3 月 5 日	内蒙古自治区包头市	鄂尔多斯野生动物园	1

（续）

编号	时间	地点	救护单位	救护数量（只）
18	2019 年 7 月 5 日	内蒙古自治区新左旗	呼伦湖国家级自然保护区野生动物繁育救助中心	1
19	2019 年 10 月 23 日	内蒙古自治区呼伦贝尔市	呼伦贝尔市移民管理警察局	1
20	2019 年 10 月 30 日	内蒙古自治区锡林郭勒盟苏尼特右旗	锡林郭勒盟苏尼特右旗公安局森林公安局	2
21	2019 年 11 月 29 日	内蒙古自治区包头市	包头劳动公园	1
22	2020 年 3 月 20 日	内蒙古自治区包头市	包头劳动公园	1
23	2020 年 10 月 24 日	内蒙古自治区赛罕镇	内蒙古锡林郭勒盟额仁淖尔森林派出所	1
24	2020 年 10 月 27 日	内蒙古自治区锡林郭勒盟苏尼特右旗	锡林郭勒盟苏尼特右旗公安局	1
25	2021 年 3 月 27 日	内蒙古自治区扎鲁特旗道老杜苏木西热图嘎查	扎鲁特旗森林公安局	1
26	2021 年 3 月 29 日	内蒙古自治区扎鲁特旗道老杜苏木西热图嘎查	扎鲁特旗森林公安局	1
27	2021 年 3 月 30 日	内蒙古自治区扎鲁特旗	扎鲁特旗森林公安局	1
28	2021 年 11 月 1 日	内蒙古自治区达拉特旗	鄂尔多斯野生动物园	1
29	2021 年 11 月 3 日	内蒙古自治区乌审旗	鄂尔多斯野生动物园	1
30	2022 年 4 月 1 日	内蒙古自治区扎鲁特旗乌额格其苏木白音淖尔嘎查	鲁北镇救助站	1
31	2022 年 6 月 28 日	内蒙古自治区锡林郭勒盟西乌珠穆沁旗	锡林郭勒盟西乌珠穆沁旗摄影爱好者	4

（续）

编号	时间	地点	救护单位	救护数量（只）
32	2023 年 1 月 11 日	内蒙古自治区武川县	内蒙古大青山国家级自然保护区野生动物救护中心	1
33	2023 年 3 月 6 日	内蒙古自治区兴安盟突泉县	科尔沁国家级自然保护区管理局野生动物救护中心	1
34	2023 年 3 月 8 日	内蒙古自治区兴安盟突泉县	科尔沁国家级自然保护区管理局野生动物救护中心	1
35	2023 年 10 月 30 日	内蒙古自治区包头市东站	巴彦塔拉大街派出所	1
36	2023 年 10 月 31 日	内蒙古自治区包头市	包头市野生动物救护中心	1
37	2023 年 11 月 24 日	内蒙古自治区包头市	鄂尔多斯野生动物救护中心	1
38	2024 年 3 月 17 日	内蒙古自治区达拉特旗	鄂尔多斯野生动物园	1
39	2024 年 4 月 2 日	内蒙古自治区达拉特旗	鄂尔多斯野生动物园	1

三、黑龙江省

编号	时间	地点	救护单位	救护数量（只）
1	2021 年 11 月 15 日	黑龙江省安达市羊草镇青龙山村	安达市林业和草原局	1
2	2024 年 2 月 6 日	黑龙江省林甸县花园镇齐心村六屯	林甸县林业和草原局	1

四、吉林省

编号	时间	地点	救护单位	救护数量（只）
1	2019 年 4 月 16 日	吉林省白城市镇赉县平安村	吉林莫莫格国家级自然保护区	1
2	2023 年 12 月	吉林省长春市农安县	长春市动植物公园	1

五、辽宁省

编号	时间	地点	救护单位	救护数量（只）
1	2013 年 1 月 5 日	辽宁省康平县柳树屯乡西北土村	康平县野生动物保护管理站	1
2	2014 年 11 月 7 日	辽宁省铁岭市	铁岭市动物保护站	1
3	2018 年 1 月 7 日	辽宁省锦州市	根据中国生物多样性保护与绿色发展基金会报道	1
4	2019 年 11 月 27 日	辽宁省锦州市北镇市自然保护区内	北镇市自然资源服务中心	1
5	2019 年 12 月 18 日	辽宁省海城市南台镇霍二台子村	西柳老栓动物园的野生动物救助站	1
6	2020 年 11 月 29 日	辽宁省葫芦岛市绥中县宽邦镇东岔沟村	兴城首山野生动物保护中心	1
7	2021 年 2 月 13 日	辽宁省锦州市南凌海市巧女村	锦州市野生动物救护中心	1

六、河北省

编号	时间	地点	救护单位	救护数量（只）
1	2002—2023 年	河北省沧州市	沧州市野生动物救护中心	120
2	2018 年	河北省唐山市	根据中国生物多样性保护与绿色发展基金会报道	1
3	2000 年 12 月 4 日	河北省秦皇岛市昌黎县	秦皇岛野生动物救护中心	1
4	2012 年 12 月 6 日	河北省沙河市白塔镇卫生院	白塔镇卫生院	1
5	2013 年 11 月 1 日	河北省涿州市	河北涿州市公安局	1
6	2013 年 11 月 19 日	河北省保定市安新县端村镇西垒头村	保定市动物园	1
7	2014 年 2 月 8 日	河北省秦皇岛市海港区	秦皇岛野生动物救护中心	1
8	2014 年 11 月 12 日	河北省秦皇岛市	秦皇岛野生动物救护中心	1
9	2015 年 11 月 27 日	河北省邢台市南和县上岗村	邢台市动物园	1
10	2015 年 11 月 28 日	河北省秦皇岛市	秦皇岛野生动物救护中心	1
11	2016 年 3 月 28 日	河北省唐山市	唐山野生动物园	1
12	2016 年 4 月 4 日	河北省唐山市	唐山野生动物园	1
13	2016 年 4 月 17 日	河北省保定市	保定市动物园	1
14	2016 年 11 月 8 日	河北省遵化市	唐山野生动物园	1
15	2016 年 11 月 23 日	河北省秦皇岛市	秦皇岛野生动物救护中心	1
16	2017 年 3 月 28 日	河北省邯郸市	邯郸佛山野生动物园	1

（续）

编号	时间	地点	救护单位	救护数量（只）
17	2017 年 10 月 22 日	河北省唐山市玉田县	唐山野生动物园	1
18	2017 年 11 月 1 日	河北省唐山市丰润区	河北曹妃甸野生动物保护协会	1
19	2017 年 11 月 6 日	河北省邢台市北河庄镇候家庄村	邢台市野生动物救护中心	1
20	2017 年 11 月 15 日	河北省邯郸市	邯郸佛山野生动物园	1
21	2018 年 1 月 23 日	河北省唐山市玉田县	唐山野生动物园	1
22	2018 年 3 月 2 日	河北省遵化市	唐山野生动物园	1
23	2018 年 10 月 31 日	河北省遵化市	唐山野生动物园	1
24	2018 年 11 月 6 日	河北省廊坊市永清县大辛阁乡樊庄村	北京黑豹野生动物保护站	1
25	2018 年 11 月 7 日	河北省廊坊市固安县	北京市野生动物救护中心	1
26	2019 年 3 月 14 日	河北省唐山市玉田县	唐山野生动物园	1
27	2019 年 10 月 22 日	河北省秦皇岛市	秦皇岛野生动物救护中心	1
28	2020 年 1 月 1 日	河北省唐山市	根据中国生物多样性保护与绿色发展基金会报道	1
29	2020 年 1 月 15 日	河北省唐山市曹妃甸区	河北曹妃甸野生动物保护协会	1
30	2020 年 4 月 13 日	河北省张家口市土城子镇郝家营村	康保县遗鸥保护协会	1
31	2020 年 10 月 23 日	河北省衡水市前怀甫村	衡水市野生动物园救护中心	1
32	2021 年 1 月 20 日	河北省承德市滦平县	北戴河翼展鸟类救养中心	1
33	2021 年 2 月 24 日	河北省石家庄市元氏县	石家庄市野生动物救护站	1
34	2021 年 4 月 6 日	河北省邢台市宁晋县	邢台市野生动物救护中心	1
35	2021 年 10 月 27 日	河北省邯郸市馆陶县	邯郸佛山野生动物园	1

（续）

编号	时间	地点	救护单位	救护数量（只）
36	2021 年 11 月 12 日	河北省石家庄市无极县郝庄乡固汪村	石家庄市野生动物救护站	1
37	2021 年 11 月 12 日	河北省石家庄市正定县	石家庄市野生动物救护站	1
38	2021 年 12 月 10 日	河北省保定市望都县中韩庄镇三民村	保定市野生动物救护中心	1
39	2022 年 3 月 5 日	河北省唐山市丰润区新军屯镇双喜庄村	唐山野生动物园	1
40	2022 年 3 月 6 日	河北省保定市大王店镇孟村	保定市野生动物救护中心	1
41	2022 年 3 月 14 日	河北省保定市	保定市动物园	1
42	2022 年 3 月 30 日	河北省唐山市滦南县	滦南县自然资源和规划局	1
43	2022 年 4 月 1 日	河北省唐山市	中国生物多样性保护与绿色发展基金会	1
44	2022 年 4 月 23 日	河北省唐山市古冶区卑家店镇	唐山野生动物园	1
45	2022 年 11 月 1 日	河北省唐山市丰润区芦各庄	大清河野生动物收容救助站	1
46	2022 年 11 月 17 日	河北省唐山市	唐山野生动物园	1
47	2022 年 11 月 28 日	河北省保定市高碑店市辛桥镇菊花三台	高碑店市自然资源和规划局	1
48	2023 年 3 月 25 日	河北省邯郸市	邯郸佛山野生动物园	1
49	2023 年 6 月 4 日	河北省廊坊市香河县潮白河大运河国家湿地公园	香河市野生动物救助站	1
50	2023 年 10 月 29 日	河北省保定市涞水县涞水镇西南租村	保定市野生动物救护中心	1

（续）

编号	时间	地点	救护单位	救护数量（只）
51	2023 年 11 月 11 日	河北省承德市丰宁满族自治县	丰宁满族自治县野生动物救护中心	1
52	2023 年 12 月 3 日	河北省唐山市乐亭县汤家河镇杨家庄村	大清河鸟类救助站	1
53	2024 年 3 月 9 日	河北省沧州市青县金牛镇王布庄村	沧州市野生动物救护中心	1
54	2024 年 4 月 4 日	河北省晋州市	石家庄野生动物救助中心	1

七、天津市

编号	时间	地点	救护单位	救护数量（只）
1	2007 年 11 月 23 日	天津市宝坻区	天津市野生动物救护驯养繁殖中心	1
2	2009 年 12 月 9 日	天津市欣乐兴业食品糕点厂	天津市野生动物救护驯养繁殖中心	1
3	2018 年 11 月 12 日	天津市武清区汊沽港镇小刘堡村	天津市武清区林业局	1
4	2018 年 11 月 21 日	天津市陈官屯镇西长屯村	天津市野生动物救护驯养繁殖中心	1
5	2019 年 5 月 8 日	天津市蓟州区	蓟州区野生动植物保护站	1
6	2020 年 4 月 9 日	天津市杨津庄镇大胡庄村	天津市野生动物救护驯养繁殖中心	1
7	2020 年 4 月 19 日	天津市静海区良王庄乡	天津市野生动物救助驯养繁殖中心	1
8	2024 年 3 月 14 日	天津市蓟州区	天津市野生动物救护驯养繁殖中心	1

八、北京市

编号	时间	地点	救护单位	救护数量（只）
1	2006 年 3 月 30 日	北京市大兴区	北京市野生动物救护中心	1
2	2006 年 4 月 5 日	北京市昌平区	北京市野生动物救护中心	1
3	2006 年 4 月 22 日	北京市怀柔区	北京市野生动物救护中心	1
4	2006 年 12 月 26 日	北京市通州区	北京市野生动物救护中心	1
5	2007 年 4 月 17 日	北京市朝阳区	北京市野生动物救护中心	1
6	2007 年 4 月 18 日	北京市大兴区	北京市野生动物救护中心	1
7	2007 年 12 月 4 日	北京市昌平区	北京市野生动物救护中心	1
8	2007 年 12 月 18 日	北京市丰台区	北京市野生动物救护中心	1
9	2009 年 3 月 22 日	北京市门头沟区	北京市野生动物救护中心	1
10	2021 年 1 月 4 日	北京市雄安新区安新县同口镇北青村	保定市野生动物救护中心	1
11	2021 年 1 月 14 日	北京市雄安新区安新县同口镇北青村	保定市野生动物救护中心	1
12	2021 年 1 月 29 日	北京市通州区	北京市野生动物救护中心	1
13	2022 年 10 月 26 日	北京市密云区巨各庄	北京市野生动物救护中心	1

九、山西省

编号	时间	地点	救护单位	救护数量（只）
1	2019—2020 年	山西省	根据中国生物多样性保护与绿色发展基金会报道	4
2	2015 年 12 月 2 日	山西省大同市	大同市动物园	1
3	2016 年 12 月 4 日	山西省永济市张营派出所	永济市野生动物保护站	1
4	2016 年 12 月 20 日	山西省大同市	大同市动物园	1
5	2017 年 11 月 8 日	山西省永济市栲栳镇东下村	运城市林业局	1
6	2018 年 1 月 11 日	山西省永济市栲栳派出所	山西省永济市栲栳派出所	1
7	2018 年 4 月 16 日	山西省大同市	大同市动物园	1
8	2018 年 11 月 6 日	山西省太原市娄烦县	山西省野生动物救护中心	1
9	2018 年 11 月 20 日	山西省朔州市朔城区南邢家河村	朔州市朔城区林业站	1
10	2019 年 2 月 9 日	山西省乐陵市化楼镇刘边村	乐陵市化楼镇刘边村村民刘玉功	1
11	2021 年 1 月 11 日	山西省大同市	大同市动物园	1
12	2021 年 4 月 26 日	山西省太原市徐沟镇西楚王村	太原动物园	1
13	2021 年 5 月 19 日	山西省大同市谷前堡乡水磨口村	太原动物救护中心	1
14	2021 年 12 月 17 日	山西省运城市清涧街道清涧中心村	河津市林业局	1
15	2021 年 12 月 21 日	山西省运城市古交镇前刘村	运城市野生动物救助站	1

（续）

编号	时间	地点	救护单位	救护数量（只）
16	2022 年 1 月 28 日	山西省大同市	大同市动物园	1
17	2022 年 2 月 7 日	山西省太原市小店区王吴村	太原动物园	1
18	2023 年 12 月 3 日	山西省忻州市忻府区新路村	山西省野生动物救护中心	1
19	2023 年 12 月 29 日	山西省大同市	大同市动物园	1

十、陕西省

编号	时间	地点	救护单位	救护数量（只）
1	2002 年 1 月 15 日	陕西省渭南市富平县留古镇汝林村	陕西省野生动物抢救繁殖中心	1
2	2004—2012 年	陕西省	数据引自《陕西省大鸨东方亚种越冬分布与救助原因分析》(刘建文，2013)	12
3	2005 年 2 月 1 日	陕西省西安市	西安秦岭野生动物园	1
4	2006 年 3 月 6 日	陕西省铜川市耀州区寺沟镇阿姑社村	铜川市耀州区野生动物保护管理站	1
5	2006 年 4 月 2 日	陕西省西安市	西安秦岭野生动物园	1
6	2007 年 9 月 24 日	陕西省西安市	西安秦岭野生动物园	1
7	2015 年 4 月 10 日	陕西省韩城市龙门镇上峪口村	陕西省珍稀野生动物抢救饲养研究中心	1
8	2015 年 10 月 7 日	陕西省西安市	西安秦岭野生动物园	1
9	2015 年 10 月 29 日	陕西省白水县西固镇武家河村	陕西省野生动物救治中心	1
10	2017 年 11 月 30 日	陕西省延安市	延安市金延安萌萌宠动物园	1

（续）

编号	时间	地点	救护单位	救护数量（只）
11	2017 年 12 月 23 日	陕西省下梁镇外河街道	下梁镇金盆村珍禽养殖基地野生动物收容救护中心	1
12	2017 年 12 月 26 日	陕西省咸阳市乾县梁村镇西堡子村	陕西省珍稀野生动物救护基地	1
13	2017 年 12 月 30 日	陕西省咸阳市	咸阳乾县野生动植物保护管理站	2
14	2018 年 1 月 3 日	陕西省渭南市大荔县黄河堤坝沿岸	陕西省珍稀野生动物救护基地	1
15	2018 年 11 月 24 日	陕西省延安市宜川县	陕西省延安市宜川县林业局	1
16	2019 年 3 月 12 日	陕西省咸阳市新庄村大白沟	乾县林业站	1
17	2019 年 4 月 8 日	陕西省渭南市大荔县黄河堤坝沿岸	陕西省珍稀野生动物救护基地	1
18	2019 年 4 月 13 日	陕西省渭南市大荔县赵渡镇平民村	陕西省珍稀野生动物抢救饲养研究中心	1
19	2021 年 2 月 19 日	陕西省临潼区	陕西省珍稀野生动物救护基地	1
20	2021 年 4 月 6 日	陕西省延安市安塞区	陕西省野生动物救护中心	1
21	2021 年 4 月 7 日	陕西省延安市安塞区坪桥镇石圪台村	延安市林业局高哨国有生态林场野生动物救护中心	1
22	2021 年 4 月 9 日	陕西省延安市安塞区	延安市林业局高哨国有生态林场野生动物救中心	1
23	2022 年 12 月 20 日	陕西省渭南市高新区	陕西省珍稀野生动物救护基地	1

十一、宁夏回族自治区

编号	时间	地点	救护单位	救护数量（只）
1	2009 年 1 月 15 日	宁夏回族自治区固原市	银川动物园	1
2	2019 年 1 月 23 日	宁夏回族自治区固原市	银川动物园	1
3	2019 年 12 月 14 日	宁夏回族自治区石嘴山市平罗县宝丰镇	银川动物园	1
4	2019 年 12 月 26 日	宁夏回族自治区银川市贺兰县	银川动物园	1
5	2020 年 2 月 22 日	宁夏回族自治区中卫市海原县	银川动物园	1
6	2020 年 3 月 29 日	宁夏回族自治区哈巴湖国家级自然保护区	银川动物园	1
7	2022 年 3 月 13 日	宁夏回族自治区哈巴湖国家级自然保护区	银川动物园	1
8	2022 年 11 月 18 日	宁夏回族自治区固原市	固原市自然资源局野生动物救助站	1
9	2024 年 2 月 19 日	宁夏回族自治区吴忠市同心县	银川动物园	1

十二、山东省

编号	时间	地点	救护单位	救护数量（只）
1	2013 年 11 月 11 日	山东省菏泽市东明县	河南省野生动物救护中心	2
2	2021 年 2 月 21 日	山东省德州市夏津县新盛店镇	齐河县陆生野生动物救护中心（欧乐堡动物王国）	1

（续）

编号	时间	地点	救护单位	救护数量（只）
3	2021 年 11 月 13 日	山东省聊城市朱老庄镇	聊城市陆生野生动物收容救护站	1

十三、河南省

编号	时间	地点	救护单位	救护数量（只）
1	2008 年 3 月 9 日	河南省郑州市黄河滩地	郑州市人民公园	1
2	2011 年 11 月 16 日	河南省郑州市黄河湿地自然保护区	郑州黄河湿地自然保护区管理中心	2
3	2015 年 3 月 24 日	河南省焦作市温县	焦作市野生动植物保护救护站	1
4	2015 年 10 月 20 日	河南省新乡市封丘县崔岗乡	郑州市野生动物救助站	1
5	2019 年 3 月 21 日	河南省平顶山市鲁山县	河南省野生动物救护中心	1
6	2021 年 11 月 13 日	河南省开封市	长垣县绿色未来环境保护协会	1

十四、甘肃省

编号	时间	地点	救护单位	救护数量（只）
1	2013 年 1 月 16 日	甘肃省定西市安定区香泉镇	兰州动物园	1
2	2013 年 2 月 17 日	甘肃省定西市临洮县	兰州野生动物管理救护中心	1

（续）

编号	时间	地点	救护单位	救护数量（只）
3	2016 年 1 月 6 日	甘肃省平凉市静宁县灵芝乡	兰州野生动物管理救护中心	1
4	2016 年 12 月 19 日	甘肃省庆阳市庆城县马岭镇	陇东地区濒危野生动物救助保护中心	1
5	2018 年 11 月 22 日	甘肃省庆阳市宁县早胜镇尚家村	陇东地区濒危野生动物救助保护中心	1
6	2020 年 12 月 17 日	甘肃省天水市清水县丰望乡	天水市野生动物救助中心	1

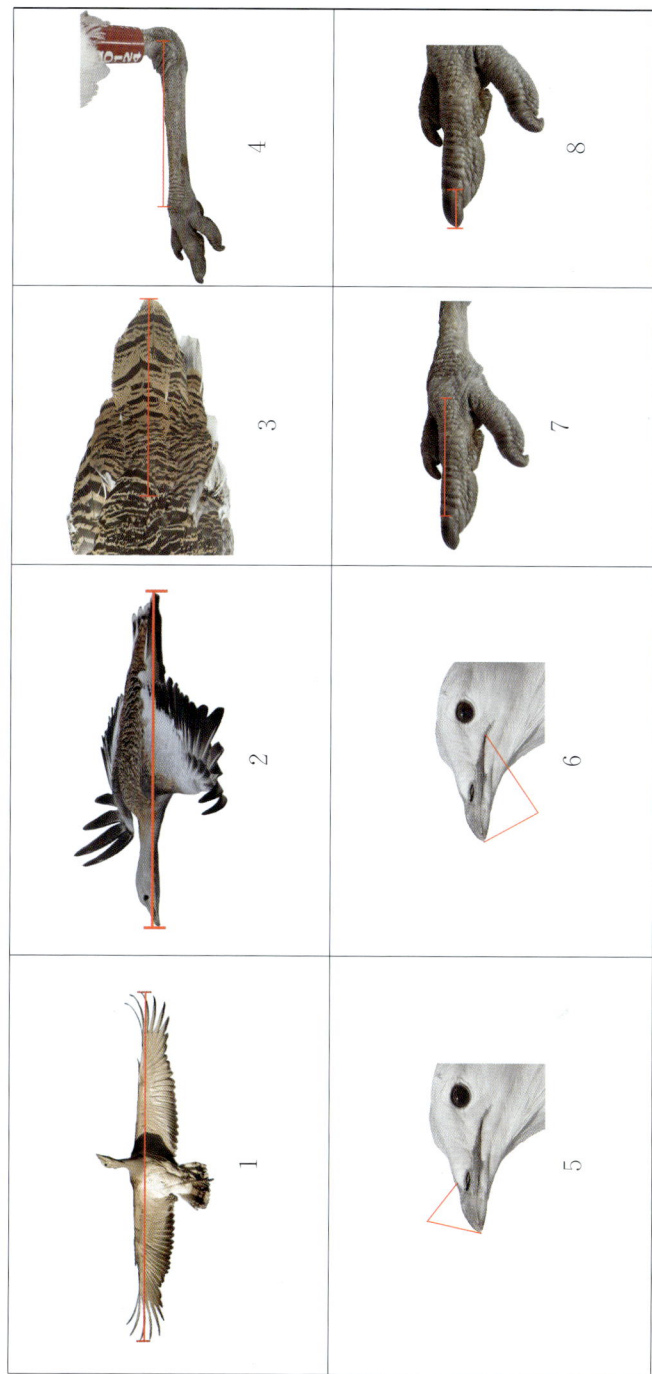

彩图 1 大鸨体尺测量方法（于红 制图）

1. 翼展 2. 体长 3. 尾长 4. 跗跖长 5. 嘴峰长 6. 嘴裂长 7. 中趾长 8. 中爪长

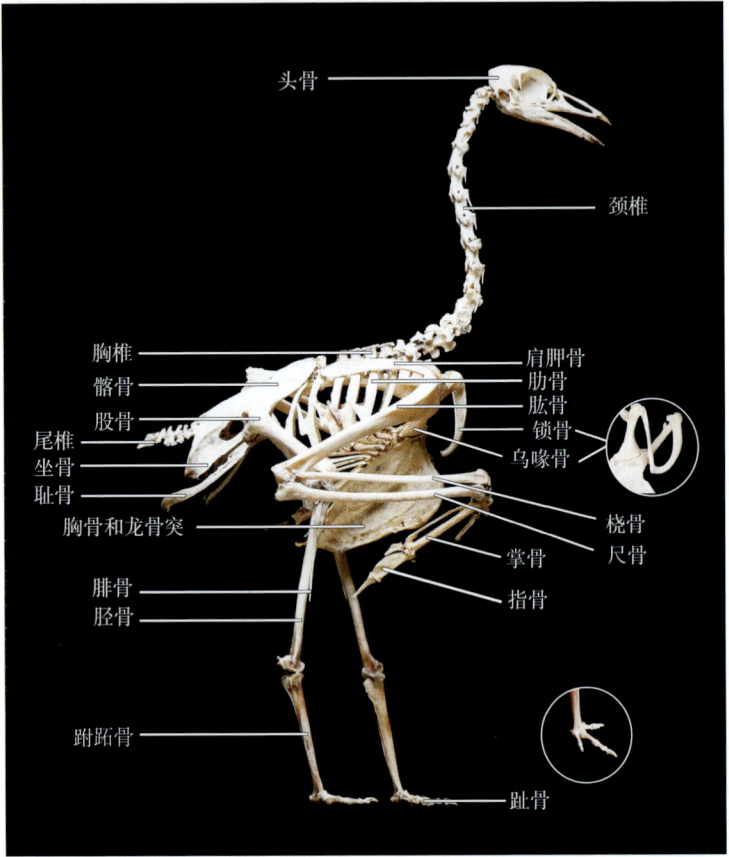

彩图 2 大鸨全身骨骼 [周海涛（长春市动植物公园） 摄影 于红 制图]

图中标注：
头骨、颈椎、胸椎、髂骨、股骨、尾椎、坐骨、耻骨、胸骨和龙骨突、腓骨、胫骨、跗跖骨、肩胛骨、肋骨、肱骨、锁骨、乌喙骨、桡骨、尺骨、掌骨、指骨、趾骨

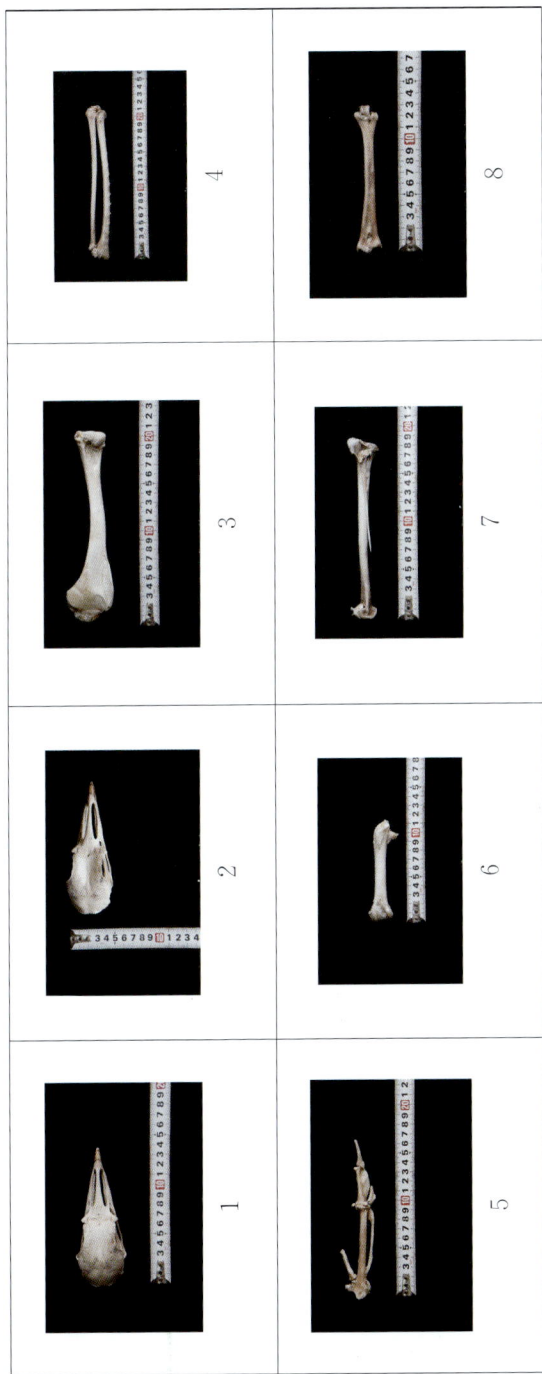

彩图 3 大鸨部分骨骼及测量 [周海涛（长春市动植物公园） 摄影]

1. 头骨（纵向）　2. 头骨（横向）　3. 肱骨　4. 尺骨和桡骨

5. 掌骨和指骨　6. 股骨　7. 胫骨和腓骨　8. 跗跖骨

成年雄性大鸨体型明
显大于雌性

繁殖期

无须状羽、前
胸羽毛不呈现
半领圈状

非繁殖期

发情炫耀时，雄性大鸨
体羽和体姿发生变化

繁殖期

有须状羽，在
繁殖期明显

前胸羽毛呈现
栗棕色半领圈
状，非繁殖期
不明显

非繁殖期

彩图 4　成年大鸨的雌雄鉴别（外形观察法）

彩图 5　行走中的大鸨（白洁 摄影）

彩图 6　大鸨站立警戒（白洁 摄影）

彩图 7　野外大鸨起飞（于卫军 摄影）

彩图 8　大鸨在图牧吉保护区越冬飞翔降落（白洁 摄影）

彩图 9　野外大鸨求偶炫耀（最左侧为雄性，其他两只为雌性）（白洁 摄影）

彩图 10　大鸨交尾行为（白洁 摄影）

彩图 11　野外大鸨孵化（白洁 摄影）

彩图 12　野外大鸨出雏（白洁 摄影）

彩图 13　野外大鸨的巢和卵［赵俊（吉林省野生动植物保护协会）摄影］

彩图 14　野外刚出壳的大鸨幼雏（赵俊 摄影）

彩图 15　人工饲养大鸨的卵

彩图 16　人工饲养刚出生的大鸨幼雏

彩图 17　人工饲养的1月龄大鸨［曾庆永（长春市动植物公园）摄影］

彩图 18　人工饲养大鸨的运动场内的土坡和高草

彩图 19　人工饲养的大鸨在矮灌木下乘凉

彩图 20　人工饲养的雄性在草丛中休息

彩图 21　人工饲养的雌性大鸨在梳理羽毛

彩图 22　成年雄性白化大鸨（最右面的一只）（引自西安野鸟会）

彩图 23　野外雌性大鸨（指名亚种，拍摄于新疆阿勒泰）

彩图 24　大鸨采食达乌里芯芭　　彩图 25　大鸨采食达瑞香狼毒　　彩图 26　大鸨采食莴苣菜

彩图 27　野外雄性大鸨集群（于卫军 摄影）　　彩图 28　在河北沧州越冬的大鸨

彩图 29　陕西运城野外大鸨集群　　彩图 30　陕西西安野外大鸨集群